基于生态足迹的
国家级自然保护区
可持续发展研究

JIYU SHENGTAI ZUJI DE
GUOJIAJI ZIRANBAOHUQU
KECHIXU FAZHAN YANJIU

刘晓曼　高吉喜／著

中国环境出版集团·北京

图书在版编目（CIP）数据

基于生态足迹的国家级自然保护区可持续发展研究 / 刘晓曼，
高吉喜著 .—北京：中国环境出版集团，2020.9
ISBN 978-7-5111-4417-1

Ⅰ.①基…　Ⅱ.①刘…　Ⅲ.①自然保护区—可持续性发展—
研究—中国　Ⅳ.① S759.992

中国版本图书馆 CIP 数据核字（2020）第 160040 号

审图号：GS（2020）3746 号

出 版 人　武德凯
责任编辑　高　峰
责任校对　任　丽
封面设计　彭　杉

出版发行　中国环境出版集团
　　　　　（100062　北京市东城区广渠门内大街 16 号）
　　　　　网　　址：http：//www.cesp.com.cn.
　　　　　电子邮箱：bjgl@cesp.com.cn.
　　　　　联系电话：010-67112765（编辑管理部）
　　　　　　　　　　010-67138929（第六分社）
　　　　　发行热线：010-67125803，010-67113405（传真）
印　　刷　北京建宏印刷有限公司
经　　销　各地新华书店
版　　次　2020 年 9 月第 1 版
印　　次　2020 年 9 月第 1 次印刷
开　　本　710×960　1/16
印　　张　7.75
字　　数　140 千字
定　　价　46.00 元

中国环境出版集团郑重承诺：
中国环境出版集团合作的印刷单位、材料单位均具有中国环境标志产品认证；
中国环境出版集团所有图书"禁塑"。

前　言

　　自然保护地是国际公认的保护生物多样性、提供优质生态产品与服务、维系生态系统健康最重要和最有效的途径，是生态建设的核心载体、美丽中国的重要象征。自然保护区是我国自然保护地体系的基础，是生物多样性保护的核心区域。我国自1956年建立广东鼎湖山第一个自然保护区以来，历经60多年的发展，初步形成了布局较为合理、类型较为齐全、功能比较健全的自然保护区网络，对于保护我国重要自然环境和物种资源，以及维护生态平衡具有重要意义，在国民经济建设和未来社会发展中具有战略地位。但我国自然保护区建设存在一些深层次的体制机制问题，其中保护与发展矛盾突出、人地关系紧张是其中重要的一个方面，影响了我国自然保护地的可持续健康发展。和其他非保护性区域相比，自然保护区是为保护我国珍稀的生态系统和动植物物种而设立的区域，能为人类生存提供的自然资源存量、消纳废物的能力和环境空间非常有限，只有当人类的一切活动限制在自然保护区生态承载力阈值范围之内，才能实现可持续发展。开展自然保护区可持续发展定量评估，对于我国自然保护区的健康发展具有重要意义。

　　生态足迹方法因其概念形象、理论直观、可操作性强和结论通俗易懂等优点，在可持续发展中的应用得到迅速传播及广泛关注，能够有效评估各种空间尺度的人类消费是否在生物圈可承载的再生能力范围之内，从而实现对生态可持续性的定量评估。但我国自然保护区的土地生产力水平差异较大，直接套用世界或全国的评估参数，很难准确、直观地反映国家级自然保护区可持续发展状况。本书从国内外生态足迹的研究入手，在传统生态足迹（EF-GAEZ模型）评价方法的基础上，提出了基于净初级生产力的EF-NPP改进模型，并对EF-NPP模型进行了验证。在此基础上，利用EF-NPP模型，分析了全国319个国家级自然保护区2010年生态足迹和生态承载力现状，及

2000—2010 年生态盈余和生态赤字变化情况，最后评估了我国国家级自然保护区的可持续发展红绿灯状态。

本书共分为六章，其中第一章为概论，阐述了本书的研究思路、方法和流程。第二章为生态足迹的概念和国内外发展，第三章为基于 NPP 的国家级自然保护区生态足迹模型改进，第四章为 EF-GAEZ 模型和 EF-NPP 模型的比较，第五章分析了国家级自然保护区生态足迹现状及其变化，第六章为结论与展望。希望通过本书的出版，能够为我国自然保护区可持续发展提供理论依据，为我国自然保护区的管理决策提供定量支撑，为我国新时期自然保护地的整合优化贡献一份力量。

本书的研究工作得到了环保公益性科研专项"基于天地一体化的自然保护区建设项目环境监管技术研究"项目和生态环境部"全国自然保护区天地一体化长效监控"项目的支持。

本书编写过程中得到了庄大方老师的精心指导及侯鹏老师的大力支持，并为本书成稿提出了建设性的意见。本书后期制图工作主要由王超、吕娜、闻瑞红、候静完成，文字校核主要由付卓、靳川平、王雪峰、孙阳阳完成。在这里，对本书给予支持和帮助的所有专家和同仁致以崇高的谢意！最后，感谢中国环境出版集团对本书出版所付出的辛勤劳动。

由于成书时间仓促，作者水平有限，书中难免有不足之处，希望广大读者批评指正、不吝赐教！

著者

2020 年 9 月

目 录

第 1 章　概论

1.1　研究意义

自然保护区是指对有代表性的自然生态系统、珍稀濒危野生动植物物种的天然集中分布、有特殊意义的自然遗迹等保护对象所在的陆地、水域或海域，依法划出一定面积予以特殊保护和管理的区域（中华人民共和国自然保护区管理条例，1994）。自然保护区是生物多样性保护的核心区域，建立自然保护区是世界各国保护物种栖息地的重要基础，也是保护栖息地内生物多样性最直接、最有效的措施之一（Defries R et al.，2005；Dobson A P et al.，2001；Scott J M et al.，2001）。自然保护区是我国自然生态环境的瑰宝和精华，是推进生态文明、构建国家生态安全屏障、建设美丽中国的重要载体。

中国自 1956 年建立广东鼎湖山第一个自然保护区以来，历经 60 多年的发展，取得了巨大成就。全国（不含香港、澳门特别行政区和台湾地区）共建立各种类型、不同级别的自然保护区 2 750 个，总面积为 147.17 万 km^2。自然保护区陆域面积为142.70 万 km^2，占陆域国土面积的 14.86%，其中已建有国家级自然保护区 474 处（高吉喜等，2019）。我国保护区在数量上已达到领先水平，初步形成了布局较为合理、类型较为齐全、功能比较健全的自然保护区网络，对于保护自然环境、保护物种等自然资源和维护生态平衡具有重要意义，在国民经济建设和未来社会发展中具有战略地位（王智等，2011）。

虽然我国自然保护区的建设取得了很大的成绩，但随着我国经济社会的快速发展和人口的不断增加，保护与开发的矛盾日益突出，自然保护区面临的威胁逐渐增多。能源开发、矿产开采、旅游、道路建设等破坏自然保护区的人类活动越来越频繁，一些保护区的核心区或缓冲区甚至实施了矿业开采和水电开发，当地社区也不断蚕食保护区内的土地，大大超出了自然保护区的生态承载力，对保护区的主要保护对象及其资源环境造成了极大破坏（徐网谷等，2015；文陇英等，2006；叶林奇，2000；刘艳红等，2000；樊正球等，2001；郑华等，2003；伍淑婕等，2008）。生物保护学家普遍认为，人类活动造成的生境斑块破碎化是生物多样性的最大威胁（Araujo M B，2003；Evans K L et al.，2007）。快速的人类活动使得保护区内的物种有效栖息地不断被侵占和蚕食，对保护区内的物种和生态系统造成极大威胁，影响了我国自然保护区的健康发展（祝萍等，2018；曹巍等，2019；范泽孟等，2012）。与其他非保护性区域相比，自然保护区是为保护我国珍稀的生态系统、动植物物种而设立的区域，能为人类生存提供的自然资源存量、消纳废物的能力和环境空间非常有限，只有当人类的一切活动限制在自然保护区生态承载力阈值范围之内，才能实现可持续发展。

我国目前还缺乏一套有效的技术方法和指标对自然保护区的可持续发展程度进行评估，无法计算出人类开发强度是否超过自然保护区的承载力，给自然保护区的管理和决策带来巨大的挑战。如何定量一个区域的可持续状态已成为当前国际生态经济学和可持续发展的热点与前沿领域之一（龙爱华等，2004）。继1992年里约热内卢联合国环境与发展大会之后，各国学者开始致力于量化可持续发展程度的研究，先后提出了一些富有价值的评价方法和指标体系，但始终缺少一个能在全球尺度上进行比较判别的可操作性指标。在这一方面，生物物理类指标之一的生态足迹方法模型因其直观且综合而备受世界关注。生态足迹方法能够评估各种空间尺度的人类消费是否在生物圈可承载的再生能力范围之内，从而实现了对生态可持续性的定量评价。

生态足迹的概念最初是由加拿大William Rees教授于1992年提出的，随后他的学生Wackernagel博士（1999）提出了具体的计算方法，该方法一经提出就引起了广大学者的关注，得到了大量的应用和探讨。生态足迹模型具有全球可比、概念形象、理论直观、可操作性强和结论通俗易懂等优点，在可持续发展中的应用得到迅速传播及广泛关注（杜加强等，2010）。

本书的目的在于改进传统的生态足迹理论与计算模型，运用基于NPP的生态足迹模型，对我国国家级自然保护区的生态足迹和生态承载力进行计算分析，全面摸清我国国家级自然保护区的人类活动强度是否超出生态承载力，同时系统掌握2000—2010年我国国家级自然保护区生态盈余和生态赤字的变化趋势，评估我国国家级自然保护区的可持续发展状态，为自然保护区的管理决策提供科学依据，为推进生态文明建设提供指导。

1.2　研究内容

本研究从国内外学者对生态足迹的研究入手，在传统生态足迹（以下简称 EF-GAEZ 模型）评价方法的基础上，提出了基于净初级生产力的 EF-NPP 改进模型（以下简称 EF-NPP 模型），并对 EF-NPP 模型进行了验证。在此基础上，利用 EF-NPP 方法，分析了我国 319 个国家级自然保护区 2010 年生态足迹和生态承载力现状，及 2000—2010 年生态盈余和生态赤字变化情况，最后评估了我国国家级自然保护区的可持续发展状态。具体内容包括以下几个方面：

（1）EF-NPP 模型的改进

分析了传统 EF-GAEZ 模型的不足，提出了基于净初级生产力的国家级自然保护区 EF-NPP 模型，并对均衡因子、产量因子和生物多样性保护用地的预留面积进行了改进。

（2）EF-NPP 模型与 EF-GAEZ 模型的比较

基于 EF-NPP 模型与 EF-GAEZ 模型分别计算了我国 319 个国家级自然保护区的人均生态足迹和生态承载力，并利用相关分析方法和 GIS 空间分析方法，分析了 319 个保护区基于两种模型的人均生态足迹和生态承载力的相关性与一致性，验证了 EF-NPP 模型的合理性。

（3）国家级自然保护区 2010 年生态足迹和生态承载力分析

基于 EF-NPP 模型，计算了国家级自然保护区 2010 年的人均生态足迹和人均生态承载力，分析了其生态赤字和生态盈余状况。

（4）国家级自然保护区 2000—2010 年生态足迹和生态承载力变化分析

基于 EF-NPP 模型，计算了国家级自然保护区 2000—2010 年的人均生态足迹和人均生态承载力变化，分析了生态赤字和生态盈余的增减，并得出了空间分布规律。

（5）国家级自然保护区可持续发展状态分析

采用"红绿灯"方法，对我国国家级自然保护区可持续发展状况进行了分析。

1.3　研究技术路线

基于生态足迹的国家级自然保护区可持续发展研究技术路线如图 1-1 所示。

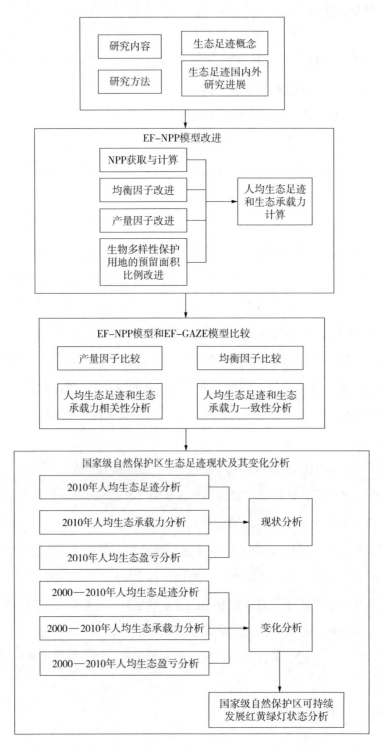

图1-1　基于生态足迹的国家级自然保护区可持续发展研究技术路线

1.4　研究方法

（1）基于相关分析方法，分析了我国 319 个国家级自然保护区基于两种模型的人均生态足迹和人均生态承载力的相关性，验证了基于 EF-NPP 模型的有效性。

（2）基于 EF-NPP 方法，分析了 319 个国家级自然保护区人均生态足迹和人均生态承载力现状，并利用 GIS 动态分析方法分析了 2000—2010 年国家级自然保护区生态盈余和生态赤字的变化情况。

（3）利用 GIS 空间分析方法，分析了国家级自然保护区人均生态足迹和人均生态承载力的现状及其动态变化规律。

（4）采用"红绿灯"方法，对我国国家级自然保护区的可持续发展状况进行了分析。

第 2 章　生态足迹的概念和国内外发展

2.1　生态足迹提出的背景

自 20 世纪 50 年代以来，工业化提高了人类改造自然的能力，也大大提高了生产力，但人类的环境因此遭到了破坏，环境的变化威胁了人们的生活。为了应对日益严峻的环境形势，可持续发展作为协调经济发展和环境保护的一种新的发展模式，逐渐被人们接受和实施。可持续发展的核心强调经济发展与环境保护之间的关系，即经济发展不能以牺牲环境为代价，环境的承载力应能支撑经济发展。可持续发展作为一种新的理念，超越了传统的片面强调经济增长而忽视环境保护的观念，它强调人类的需求应建立在生态系统可承受的范围之内，强调生态承载力阈值对人类发展的重要性。

生态足迹模型是一种衡量生态可持续性的工具，也是衡量可持续性生态底线的标准。它根据一定的人口规模和经济规模计算维持资源消费所需要的生物生产性土地面积，这个指标对理解可持续发展的逻辑关系非常有帮助，是涉及可持续性、公平性发展等诸多方面的一个综合指标。运用生态足迹模型，可以将生态足迹的现实需求与自然能够提供的生态服务的实际供给两方面进行定量比较，可以反映人类是否生存于自然系统的生态承载力范围内，从而定量衡量人类对自然生态系统的影响，这也是人类要维持自然生态系统的良性循环、实现可持续发展所必须知道的。生态足迹作为定量衡量可持续发展的指标，自提出以来，以其简明、直观和易操作性成为评价可持续发展程度的重要工具（吴文彬等，2014）。

2.2　生态足迹的概念

2.2.1　生态足迹

生态足迹的理论可以归入生态承载有限论的范畴，其典型观点有 1978 年 Thomas

R.Malthus 发表的《人口原理》（Malthus T R，2012），该书阐述了人口增长和土地供养能力的关系，为土地环境是经济的内生基础要素这一理论打下了基础。生态足迹的基本思想是指，消费每一种物质都需要一定数量的生物生产性空间来提供这些资源流和吸纳排放的废弃物。也就是说，人类的所有消费理论上都可以折算成相应的生态生产性土地的面积。所以，生态足迹的计算基于如下基本假定（Wackernagel M，2002）：①人类能够估算自身消费的大多数资源、能源及其所产生的废弃物数量；②这些资源能折算成生产或消纳它们的生态生产性面积；③将不同类型的生态生产性面积按照其生产力折算之后，耕地、草地、森林和水域可以折算成世界平均生产力下的等值面积；④各种土地的作用类型是单一的，每标准公顷（或英亩）代表等量的生产力，并能够相加，加和的结果表示人类的需求；⑤人类需求的总面积可以与环境提供的生态服务量相比较，比较的结果用标准生产力下的面积表示。

生态足迹理论最早是 1992 年由加拿大大不列颠哥伦比亚大学规划与资源生态学教授 William 提出，他将生态足迹比喻为"一只负载着人类与所创造的城市、工厂……的巨脚踏在地球上留下的脚印"，这也是生态足迹概念的起源。此后在其学生 Wackernagel（1999）的研究和发展下，生态足迹的定义进一步完善，其被看作是一种资源账户。生态足迹分析法的思路是人类要维持生存必须消费各种产品、资源和服务，人类的每一项最终消费量都可追溯到提供生产该消费所需的原始物质与能量的生态生产性土地面积（REE W E，1992；Wackernagel M，Rees W，1996；Wackernagel M et al.，1997；Hardi P et al.，1997；Wackernagel M et al.，1999）。郭秀锐等（2003）认为，生态足迹是在一定技术条件下，要维持某一物质消费水平下的某一人口的持续生存必需的生态生产性土地的面积。对于生态足迹的定义，不同的学者理解不一，但基本上是大同小异的，目前较为通用的表述为：特定数量人群按照某种生活方式所消费的自然生态系统提供的各种商品和服务功能，以及在这一过程中所产生的废弃物需要环境吸纳，并以生物生产性土地（或水域）面积来表示的一种可操作的定量方法（沈佐锐，2011）。

生态足迹指标是全球可比的、可测度的可持续发展指标，是涉及公平性、系统性发展的一个综合指标。生态足迹分析方法通过引入生物生产性土地的概念，实现了对各种自然资源的统一描述。通过引入产出因子和均衡因子，进一步实现了不同国家、不同区域各类生态生产性土地的可加性和可比性，从而为我们提供了一个有效的用来量化可持续发展程度的工具。生态足迹理论从一个全新的角度来考虑人类社会经济发展与环境的关系，将它作为可持续发展程度的衡量指标，是全面分析人类对自然影响最有效的工具之一。

2.2.2　生态生产性土地

生态足迹最重要的概念为"生物生产性土地"。生态生产也称生物生产，是指生态系统中的生物从外界环境中吸收生命过程所必需的物质和能量转化为新的物质，从而实现物质和能量的积累。生态足迹理论的指标都是基于这一概念而定义的。根据生产力大小的差异，地球表面的生态生产性土地可分为以下 6 大类（王洪波，2013）：

（1）农田。即人类进行作物种植的土地类型，这是最具有生物生产能力的土地类型，人类消费的食物、动物饲料、纤维、油料等均来源于农田。

（2）草地。用来饲养牲畜以获得人类所需的肉类、皮毛和奶等消费项目。

（3）林地。主要提供人类所需的木材、造纸用材以及保持水土、调节气候和 CO_2 吸收等生态环境功能。

（4）水域。指人类开展渔业捕捞或从事渔业生产的水域，为人类提供水产品。

（5）建设用地。指为人类提供住房、交通、工业和水电站等基础设施而占用的土地。

（6）化石能源用地。指吸收化石能源燃烧过程中排放出的 CO_2 所需的林地面积（此处并未包括化石能源及其产品排放出的其他有毒气体，也未包括海洋所吸收的 CO_2）。

2.2.3　均衡因子和产量因子

（1）均衡因子

由于农田、林地、草地、水域、建筑用地和化石能源用地单位面积的生物生产能力差异较大，为了使计算结果按统一标准可比较，给每种生产面积乘一个均衡因子，使其转化为生物生产性面积。均衡因子把生产能力差异很大的各类生物生产性土地面积转化为统一的、可比较的面积，反映的是不同土地类型之间生物生产能力的差异（REE W E，1992；徐中民等，2001）。

（2）产量因子

在计算生态承载力时，由于不同国家或地区的资源不同，不仅单位面积不同类型的土地生产能力差异很大，而且单位面积相同类型生物生产性土地的生产力也有差异。因此，不同国家或地区同类型生物生产性土地的实际面积是不能直接比较的，也需要进行调整。不同国家或地区的某类生物生产面积所代表的局部产量与世界平均产量的差异可用"产量因子"表示。某个国家或地区某类土地的产量因子是其平均生产力与世界同类土地的平均生产力的比值（徐中民等，2001）。

2.2.4　生态承载力

传统意义上的生态承载力是指在不损害地区生产力的前提下，一个区域内有限资源所能供养的最大人口数量。生态承载力强调生态系统的承载功能，同时突出对人类活动的承载能力。生态足迹理论将生态承载力定义为：在不损害有关生态系统的生产力和功能完整的前提下，一个地区能提供给人类的生态生产性土地的总面积。生态承载力是指在一定的自然、社会、经济和技术等条件下，一个地区所能提供的生态生产性土地的极大值。生态承载力是指生态系统的自我维持能力、自我调节能力及资源环境的供容能力，是可持续发展的基础。开展生态承载力研究有利于可持续发展的实施，对可持续发展理论具有重要意义（杨开忠等，2000）。

2.2.5　生态赤字或盈余

生态赤字或盈余由生态足迹与生态承载力的关系来确定，两者相减，如果生态足迹大于生态承载力，为生态赤字，反之则为生态盈余。生态赤字表明一个国家或地区的人类负荷超过了其生态容量，要满足其人口现有的消费需求，该地区需要从国家或地区之外进口资源以满足生态足迹，或者通过消耗自然资本来弥补收入供给的不足。这说明该国家或地区发展模式处于不可持续状态，生态赤字是用来衡量不可持续程度的指标。反之，生态盈余说明该国家或地区的生态承载力能支持人类负荷，自然资本的收入大于人口的消费支出，处于相对可持续状态（张宇鹏，2010）。

生态足迹模型是计算人类生态消费、衡量生态可持续性的工具，是国家、地区自然资产核算的一种廉价而快速的计算框架。它根据一定的人口和经济规模，计算维持资源消费所需要的生物生产性土地面积，这个指标对理解和解释可持续发展的逻辑关系很有帮助。运用生态足迹模型的计算结果，可以将生态足迹的现实需求与自然能够提供的生态服务的实际供给两方面进行定量比较，可以反映人类的消费是否在自然系统的生态承载力范围内，从而能够定量衡量人类对自然生态系统的影响。

2.3 生态足迹的国内外进展

自提出生态足迹的概念以来，围绕着生态足迹的研究便成为国际生态经济学界研究的热点领域之一，国际上涉及和围绕生态足迹的概念、方法及模型的研究纷纷开展。据统计，在"Web of Science"上能查询到的关于生态足迹的 SCI 论文达到956 篇，其中在国际生态经济学会会刊《Ecological Economics》上发表的关于生态足迹理论、方法改进、区域实例和行业应用的论文有 74 篇，这些论文对生态足迹开展了全方位的综述和大量的实例研究，并提出了一些改进生态足迹的研究方法。《Ecological Economics》2000 年第 3 期以专刊的形式探讨了生态足迹研究的理论价值和应用问题。2000 年起，重新定义发展组织（Redefining Progress，RP）和世界自然基金会（World Wide Fund for Nature，WWF）两大世界非政府机构分别定期公布一次部分国家的生态足迹研究结果，主要发达工业国家已经把生态足迹纳入了官方指标体系，而且也在向发展中国家普及经验（龙爱华等，2004）。与此同时，WWF、联合国环境规划署（UNEP）和一些非政府组织都开辟了国际互联网网站，向外界提供生态足迹的最新研究信息，并且提供如个人生态足迹在线计算等相关服务（徐中民等，2006）。

1999 年，生态足迹的概念开始引入我国，之后有关生态足迹的研究便在国内迅速展开。截至 2014 年 11 月，仅 CNKI 全文期刊数据库收录的有关生态足迹的文献已达到了 2 527 篇，分别研究分析了在不同尺度下的生态足迹和实际应用问题。生态足迹的研究范围也不断扩大，涉及全国、省、市、县、乡镇、家庭及个人，研究领域涉及碳足迹、水资源、旅游业、学校、能源足迹、重化工业、房地产业等。

2.3.1 尺度研究

生态足迹分析的应用范围极其广泛，生态足迹方法应用的规模范围从全球尺度到国家尺度，从地区尺度到省域尺度、县域尺度甚至小区域尺度。

（1）全球尺度

生态足迹模型在全球尺度的研究始于 1997 年 Wackernagel 等的《国家生态足迹》（Ecological Footprint of Nations）报告，结果显示：1997 年的全球人均生态承载力只有 2.8 hm^2，扣除 12% 的生物生产面积，实际人均可利用的面积包括海洋在内不足 2.0 hm^2。自 2000 年起，世界自然基金会（WWF）每两年发表一次关于生态足迹的报告。环球足迹网络（GFN）联合其他国际组织每两年发布一次《生命行星报告》，报告用大量的篇幅介绍了生态足迹的研究成果。2005 年，GFN 组织开展了 "Ten-in-Ten" 计划，即 10 年内至少有 10 个国家能将生态足迹指标制度化，使生态足迹指标像 GDP 一样得到广泛应用。2006 年，瑞士和日本已经完成了国家生态足迹账户的计算，将生态足迹作为国家可持续发展规划的重要指标，此外有近 30 个国家表示对生态足迹感兴趣（杜加强等，2008）。

（2）国家和地区尺度

生态足迹模型在国家尺度上的研究最早始于 1997 年，Wackernagel（1997）的 "国家生态足迹"（Ecological Footprint of Nations）报告显示：35 个国家和地区存在生态赤字，只有 12 个国家和地区的人均生态足迹低于人均生态承载力，说明全球人地关系十分紧张。《Ecological Footprint Atlas 2010》提供了 2007 年各大洲的生态足迹状况，研究表明非洲人均消费生态足迹为 1.4 gha[①]，欧洲为 4.7 gha，亚洲为 1.8 gha，北美为 7.9 gha，拉美和加勒比海地区为 5.5 gha（吴文彬，2014）。此外，Fricker（1998）利用生态足迹的方法评估了新西兰的可持续发展程度；Simpson（2000）对澳大利亚的生态足迹进行了计算，衡量了国家的生态承载力和可持续性，指出澳大利亚是世界 5 个对资源高消费的国家之一，同时表明了西方国家以及发展中国家的生态赤字正不断增加，引起了全球的关注；随后，Senbel（2003）通过生态足迹的方法预测了发达国家的人类消费水平，并应用于北美地区。此外，也有一些学者对相关地区的生态足迹进行了研究。McDonald 等（2004）计算了新西兰 16 个地区的生态足迹，结果显示 Aukland 地区人均生态足迹是 2.0 hm^2，为全国倒数第二，但是由于人口密度较大，生态足迹总量占到了全国的 20%；Warren-Rhodes（2001）等通过对我国香港地区的研究得出，香港人均生态足迹达到 6.0 hm^2，生态足迹与生态承载力之比为 22∶1，远远超出了供给

---

① gha 表示全球公顷。

能力，超出部分的资源有 30% 来自内地（以广东省为主），60% 来自世界其他国家。

我国对生态足迹的研究起步比较晚，生态足迹的概念于 1999 年引入我国，随后有关生态足迹的研究在国内迅速开展。徐中民等（2003）率先于 1999 年对中国的生态足迹进行了评估，结果表明：1999 年中国的人均生态足迹为 1.326 hm²，高于人均生态承载力，人均生态赤字为 0.645 hm²，分省的计算结果也表明大部分省的生态足迹超过了当地的生态承载力。从 2008 年起，中国与 WWF 同步发表中国生态足迹报告，2012 年发布了《中国生态足迹报告 2012：消费、生产与可持续发展》，报告是继 2008 年、2010 年后第三次发布，报告中指出：中国的人均生态足迹虽低于全球平均水平，但已经超过人均生态承载力的一倍，目前，中国约 80% 的省份处于生态赤字状态（WWF 等，2012）。白艳莹等（2003）对苏州、无锡、常州地区展开了生态足迹的研究，张志强等（2001）对中国西北地区的生态足迹进行了大量的研究，黄青等（2003）对黄土高原地区、陈东景等（2001）对西北 5 省区的生态足迹与发展状况分别进行了分析和评价。国家及区域的大部分研究成果表明我国大尺度下生态承载力呈现赤字状态，中国目前的发展处于一种不可持续状态。

（3）省域以及区域尺度

随着生态足迹研究的进一步深入，许多学者的研究也从国家尺度转到省域和区域尺度。徐中民（2001）、陈东景（2001）、李娜（2013）、邓跞（2013）、张颖（2001）、董泽琴（2005）分别对张掖地区、新疆维吾尔自治区、辽宁省、四川省、湖南省、辽宁省的生态足迹和生态承载力进行了分析计算，取得了一定的研究成果。

此外，还有一些学者对城市的生态足迹和生态承载力进行了研究。城市是人类活动集中的区域，也是人类活动对自然生态系统产生压力最大的区域。一个城市的生态足迹是支撑该城市发展所需的具有生产力的土地面积。许月卿（2007）基于生态足迹对北京市的土地生态承载力进行了评价；陈栋为等（2009）基于生态足迹法计算和评价了广东省珠海市的区域水资源生态承载力；张志斌等（2008）利用生态足迹的方法分析了甘肃省白银市这种资源型城市的可持续发展；澳门大学的李金平等（2003）计算了澳门特区 2001 年的生态足迹，并第一次将淡水消费纳入生态足迹计算中，计算出了旅游生态足迹；李立娜（2014）对四川省西昌市土地利用生态承载力进行了计算分析；宋戈（2014）对黑龙江省齐齐哈尔市 2001—2012 年的生态足迹、生态承载力和生态赤字／盈余进行了分析。有些学者也开始对县域尺度的生态足迹进行研究，其中王书华等（2003）以贵州省镇远县为例，采用生态足迹的定量方法评估了山区生态经济协调发展状况；湖北大学资源环境学院的刘化吉（2012）对县域尺度的生态足迹进行了研究。

（4）保护区研究领域

作为生态资源保护的重要部分，自然保护区的建立可以有效地保护自然资源和恢复生态系统服务功能，但同时也限制了当地社区居民对保护区资源的利用，因此对于自然保护区这种特殊区域的可持续发展研究显得尤为有意义。生态足迹方法在自然保护区的研究中尚不多见，目前的研究集中在利用传统生态足迹的方法对典型自然保护区的生态足迹和生态承载力进行评价。

周华等（2006）从生态环境特征以及生态管理角度对鹞落坪自然保护区不同背景下的生态足迹进行了分析，结果发现在全球背景下及安徽省背景下，总生态承载力都是满足总生态足迹的。唐长春（2012）分析了祁连山国家级自然保护区 2005—2010 年的生态足迹，结果表明祁连山一直处于生态赤字状态，5 年间，其人均生态足迹年增长率为 18.11%，生态承载力年下降率为 27.05%，生态足迹指数年下降率为 11.79%；此外，运用 GM（1，1）模型对祁连山自然保护区进行了预测，结果表明，祁连山自然保护区 2011—2015 年人均生态足迹和人均生态赤字将呈持续增长态势，2015 年人均生态足迹达到 4.986 199 hm^2，人均生态赤字达到 3.453 02 hm^2。覃楠钧等（2013）对广西环大明山自然保护区区域的生态承载力进行了评价，指出该保护区生态赤字呈逐渐增加态势，2005 年人均生态赤字仅为 0.045 9 hm^2，到 2010 年人均生态赤字则增长到 0.226 hm^2，人类活动对生态系统的影响超出了其生态容量。王索等（2008）基于生态足迹的方法评估了白水江自然保护区的生态安全。

还有一些学者基于生态足迹的方法，在对生态足迹动态分析的基础上，提出了生态补偿方案，为保护区的可持续发展和可持续管理提供参考。蔡海生（2010）、杨志平（2011）、王亮（2011）和汲荣荣（2012）等基于生态足迹的方法分别对鄱阳湖自然保护区、盐城市麋鹿自然保护区、盐城丹顶鹤自然保护区和雷公山自然保护区的生态足迹和生态承载力进行了分析，并据此提出了保护区的生态补偿方案，为保护区的可持续发展和管理提供了参考。

目前已开展的自然保护区生态足迹研究均集中于典型自然保护区，全国范围的国家级自然保护区生态足迹研究尚未开展。

2.3.2 领域研究

生态足迹评价方法除了能在空间上评价区域的可持续发展程度外，也逐渐应用于各具体的领域和行业，目前应用比较广泛的包括如下几个领域：

（1）碳足迹

碳足迹方法是一种评价碳排放影响的全新测度方法，从生命周期的角度揭示了不同对象的碳排放过程，为探索合理的温室气体减排途径提供了科学依据，也为分析人类活动对气候变化的影响提供了全新视角。随着全球气候变暖日益引起世界各国的重视，碳足迹逐渐成为应用较为广泛和成熟的一个领域。赵荣钦等（2010）采用我国各省（区、市）的能源消费数据，对各省（区、市）农村生物质能源和化石能源的碳排放量进行了估算，并建立了不同产业与能源消费碳排放的对应关系。段华平等（2011）对我国农田生态系统碳源 / 汇以及碳足迹进行了估算，结果表明，单位面积碳足迹从 1990 年的 0.08 hm^2 增加至 2009 年的 0.13 hm^2。武红等（2013）对我国 1953—2010 年的碳排放总量进行了核算，探讨了我国化石能源消费碳排放和经济增长的关系，并建立了碳排放总量和国内生产总值的时序计量模型。吴开亚等（2013）利用 1997—2010 年上海市的统计数据，计算了上海市居民直接和间接能源消费产生的碳排放量，并且分析了居民消费的碳排放变化、各部门对居民间接能源消费碳排放的贡献。张婷等（2014）对相关区域和省份的碳足迹进行了研究。

（2）水足迹

随着经济的不断发展和人民生活水平的不断提高，资源性缺水和水质性缺水日益严重。水足迹是评价水资源可持续发展的重要指标之一，能反映人类活动对水资源的压力。水足迹方法为水资源的评价提供了全新的视角，从而为管理和决策提供了科学依据。范晓秋等（2005）在传统生态足迹的基础上增加了资源账户，并确定了水资源账户生态足迹所需的 3 个关键参数：全球均衡因子、全球平均水资源产量和地区产量因子，完善了 Wackernagel 的生态足迹模型，并利用该模型对江苏省 1998—2003 年的水资源生态足迹、水资源承载力以及水资源生态赤字进行了计算分析。谭秀娟等（2009）对我国 1949—2007 年水资源的可持续利用状况作出了客观的评价，并运用 ARIMA 模型研究了我国水资源生态足迹的变动趋势。周悦（2014）、卞羽（2010）、盖东海（2012）、王宁（2013）、吴志峰（2006）、王俭（2012）、王文国（2011）、徐珊

（2013）、张义（2013）等对相关区域和省份的水足迹进行了研究。

（3）旅游足迹

近年来，由于旅游业的过度开发，旅游发展与生态保护的矛盾越来越严重，学者们通过将生态足迹的理论应用到旅游业中，定量测算了旅游活动对环境的压力。章锦河等（2004）利用生态足迹的方法，基于旅游者的生态消费及结构特征，提出旅游生态足迹的概念，构建了旅游交通、住宿、餐饮、购物、娱乐、游览 6 个旅游生态足迹计算子模型，并以黄山市为例，计算分析了 2002 年黄山市游客的旅游生态足迹及其效率。甄翌等（2008）将旅游生态足迹划分为可转移生态足迹与不可转移生态足迹两类，不可转移生态足迹反映了旅游地必须承受的旅游活动带来的生态压力，可转移生态足迹反映了可以通过贸易等方式向其他地区转移的生态压力，并以张家界为案例，计算了 2006 年张家界市旅游生态足迹。王亚娟（2013）利用生态足迹的方法，对旅游活动中的食、住、行、游、购、娱 6 个方面进行计算分析，并对吐鲁番市旅游的可持续发展提出了相关建议。刘丽佳（2010）提出生产性旅游生态足迹的计算方法，并以吉林省为例，计算了吉林省 2003—2008 年的旅游生态足迹，对旅游业今后的开发提出相应的建议。

（4）能源足迹

全球生态环境的日益恶化和能源的巨大使用，使得能源消耗的生态占用受到了各国的普遍关注，通过能源消耗分析能够反映人类经济活动对环境的影响状况。李智等（2007）将中国近 10 年化石能源消费的生态足迹进行了时间序列测度，并将其动态特征融入模型中，进行能源足迹产值、强度以及其带来的生态压力分析，在此基础上进行横向和纵向对比，提出中国未来能源可持续发展的途径。邹艳芬（2010）对中国 1980—2007 年的能源生态足迹进行了计算，并采用时间序列法实证分析了科技进步、纯技术效率和规模效率这 3 个部分和能源专有技术进步对中国能源生态足迹的作用。周国富等（2014）采用能源消耗碳足迹衡量指标，计算了京津冀地区 1996—2011 年的能源消耗碳足迹，并利用 STIRPAT 模型进行拟合回归，讨论了经济增长与能源足迹之间的定量关系。庞有智等（2014）基于生态足迹模型的能源生态足迹研究方法，对四川省 1997—2011 年的能源生态足迹及其效率的动态变化特征进行了分析，结果显示四川省 1997—2011 年的能源足迹强度呈下降趋势。

除此之外，国内外很多学者利用生态足迹方法，对水产养殖业（Gyllen H，2005；

Roth，2001；Berg，1996；陶玲等，2010；吴隆杰，2006）、重化工业（于宏民等，2008；崔维军等，2010）、房地产行业（李凤等，2013；李凤等，2012）、交通领域（李杰等，2013；宗刚等，2013）、学校（姜倩倩等，2007；鲁丰先等，2009；姚争等，2011）、家庭（尚海洋等，2006；岳琴等，2010；李定邦等，2005）、土地规划（郑艳茹等，2014；白钰，2012）、人口预测（殷培培等，2013；孟庆华，2014）、环境污染（白钰等，2008）和水电建设补偿（肖建红等，2014）等领域进行了相关研究。

随着生态足迹理论和方法日渐成熟，其应用的领域也越来越广。纵观我国各行业领域的生态足迹研究，生态足迹方法可以为各行业可持续发展度量提供趋势方面的参考值，并为可行的措施提供依据。

2.3.3　时间序列研究

生态足迹时间序列的研究在国内外已得到了广泛的应用。Hanley等（2001）对苏格兰生态足迹的时间序列进行了对比研究；Wackernagel等（2004）对1961—1999年奥地利、菲律宾和韩国的生态足迹进行了测算。

国内研究方面，刘宇辉（2004）对中国历年生态足迹进行了计算，并对可持续发展状况进行了评估，结果表明：1962—2001年，中国人均生态足迹逐步上升、人均生态承载力逐步下降，人均生态足迹超过了人均生态承载力，生态赤字不断扩大，需引起广泛关注。谢高地等（2010）对全国1980—2005年的生态足迹及生态承载力进行了详细的计算，结果表明：1980—2005年，尽管生物生产力提高途径使中国人均生物承载力倍增至1.15 gha，但由于社会经济代谢对生态服务需求的强烈增长特别是化石能源消费的快速增长，人均生态债务持续扩大。陈敏等（2005）采用可变世界单产法对1978—2003年中国生态足迹进行了计算，结果表明：中国的人均生态足迹由0.873 hm^{2}上升到1.547 hm^2，生态赤字逐年增加。张学勤等（2010）在生态足迹模型的基础上，计算了1953—2007年中国人均生态足迹数据，并选取与中国人均生态足迹变化高度相关的指标，通过不同时间尺度下逐步回归分析发现了驱动因素。陈成忠（2008）对中国1949—2006年的生态可持续性进行了长时间序列的动态评估。岳东霞等（2004）利用生态足迹分析法对甘肃省1991—2001年的生态足迹和生态承载力进行了实证研究，并预测了2001—2010年甘肃省的可持续发展趋势，结果表明：2001—2010年甘肃省人均生态足迹由1.009 hm^{2}增加到1.369 hm^2，而人均生态承载力则由1.348 hm^{2}逐年减少到 0.994 hm^2，说明生态足迹与生态承载力供给呈反向发展趋势。秦奇（2013）应用生态足迹模型对山西省 2000—2010 年的生态足迹进行了测算，描述了山西省的生态足迹动态变化趋势和生态承载力动态演变趋势。洪滔等（2007）利用生态足迹分析法分析了福建省 1995 年、2000 年和 2004 年的生态足迹及生态承载力，得出福建省生态环境处于不可持续状态。罗璐琴等（2008）在对武汉市 1978—2004 年生态足迹时间序列研究的基础上，应用偏最小二乘法构建了生态足迹动态预测模型，结果表明了武汉市生态足迹呈上升趋势，并预测出"十一五"规划期末 2010 年的人均生态足迹为 2.810 hm^2，高于全球生态阈值，并就如何实现武汉市"十一五"规划目标提出了政策性建议。安宝晟（2014）、李新尧（2014）、任自然（2013）、张占平（2014）、李理（2014）、符国基（2006）分别对西藏、湖北、安徽、河北、贵州、海南等省区多年的生态足迹和承载力进行了分析。

2.3.4 方法研究

目前比较常用的生态足迹方法有以下几种：

（1）综合法

综合法最早由 Wackernagel 提出，后经其本人及学生的改进日趋完善，综合法自上而下利用既有国家或区域的统计数据进行生态足迹计算。综合法在计算全球和国家生态足迹时被大量采用，WWF 等均采用综合法计算全球和国家生态足迹，这也是目前应用最广泛的生态足迹评价方法。其具体思路和方法在本章 2.2 节中已有详细介绍。

（2）成分法

成分法由 Simmons 等（2000）提出，后经 Barrett 等（2003）不断改进。成分法能获取某种消费品或消费行为的生态足迹信息（Moore J，2013），克服了综合法所面临的数据获取和贸易调整等难点。成分法以人类的消费活动为出发点，通过物质流分析，得到主要消费品消费量及废弃物生产情况，通过生态足迹核算了解物质流带来的环境压力。成分法存在的问题包括：一是它的计算准确度依赖于组分划分的彻底性和生命周期分析的可靠性；二是即使是同一种消费品，在不同生产过程中所需的自然资源、能源及排放的废物的结构和数量也有可能存在很大差异。

生态足迹的综合法和成分法一般称为传统的生态足迹分析法。

（3）基于生命周期评价的生态足迹方法

生命周期评价方法是一种广泛使用的用于评价特定产品或服务，从获取原材料、生产、使用直至最终处置的整个生命过程的环境影响的工具（De Alvareng R A F，2012），能核算不同的生产、消费行为以及从原材料获取到产品处置的所有环节对生态的影响。ISO 14000 条款中对产品生命周期法及消费清单就有详细的界定和规范。基于生命周期评价的生态足迹方法的主要缺陷是边界确定和数据选择比较复杂，有时存在一定的主观成分（谭伟文等，2012）。

（4）投入产出法

投入产出法本身是一个用来研究宏观经济和产业系统的工具，是用来衡量经济系统和产业系统经济效率的一个指标体系。Bicknell 等（1998）在研究新西兰生态足迹时，将投入产出法引入生态足迹的计算。此后，相关研究大量开展，并在方法上不断更新，Ferng（2002）、Hubacek（2002）、Hoekstra（2006）、Wiedmann（2006）、Kraten（2008）等改进和扩展了 Bicknell 的方法，使投入产出法成为一种新的并且较为完备的生态足迹分析法，从最初的单一区域生态足迹分析逐步扩展至多区域生态足迹分析。

投入产出法所依据的环境经济投入产出表编制方法成熟，是国民经济核算体系的常规部分，数据充分可靠，能够全面提供明确的从生产到消费的足迹账户，增强了生态足迹分析的结构性和可比性，已在国家、区域和社会经济组织等生态足迹评价中得到广泛应用。但实物投入产出表也面临重复计算、数据获取困难等问题，在微观尺度不能直接应用该方法。

总之，生态足迹分析方法自提出以来得到了广泛的应用，对其方法的研究也在不断深入，一方面是由于不同区域、不同领域研究的需要，另一方面是随着与其他学科领域的结合，新方法不断引进。可以预见，生态足迹分析方法研究还将不断深入和扩展。

2.3.5　模型参数研究

生态足迹的理论和方法得到了广泛应用，但也有很多学者提出了一些质疑（白钰等，2008；张志强等，2000；王书华等，2002；刘淼等，2006；彭建等，2006；熊德国等，2003；赖力等，2006；陈成忠等，2008；李明月，2005），其中模型参数选择的弹性不足是比较集中的一个方面。

全球平均生产力、产量因子和均衡因子是生态足迹模型中的主要参数，但目前大多数研究通常使用全球的平均产量因子和均衡因子。由于不同研究区域本身的差异性和特殊性，用全球平均产量因子和均衡因子代替各区域的产量因子和均衡因子并不科学。随着技术的不断进步，土地生产力处于不断变化中，用特定时间的产量因子代替不同时间的产量因子也不合适，且环境的变化对产量因子也会产生一定的影响。

很多学者对上述参数赋值方法的科学性提出了质疑，认为应调整参数以表征不同区域的特殊性（蔺海明等，2004；Vuuren D P V et al.，2000；Haberl H et al.，2001；Wackernagel M et al.，2004；王洪波，2013）。其中，大多数学者提出用"国家公顷""省公顷""本地公顷"来代替传统模型中的"全球公顷"，通过产量因子本地化从而更好地反映不同国家和不同区域的生态环境压力现状（顾晓薇等，2005；冯娟等，2008；张恒义等，2009；Kissinger M，2013）。

还有学者不再利用均衡因子和产量因子转为全球公顷，而是提出"实际土地需求"，直接计算区域内各类土地的实际需求和供应情况（Lenzen M et al.，2001；Lenzen M et al.，2007）。Ewing 等（2010）在计算国家生态足迹时提出时际产量因子的概念，以多年平均产量得到固定的产量因子，从而更清楚地解释了生态足迹和生态承载力的时序变化，反映其长期发展状况。王书玉等（2007）针对生态足迹理论关于耕地一年只耕种一次的假设，对生态足迹方法中的耕地类足迹用复种指数进行调整，使计算得到的耕地类足迹是人们所需要的耕地面积而不是复种面积。张彦宇等（2007）基于生态足迹模型中生态承载力和产量因子的定义，考虑到地区差异、科技进步和自然条件的影响，提出了一种计算生态承载力的新方法，并对甘肃省的人均生态承载力进行了实例分析。Mozner 等（2012）建议在计算产量因子时排除因化肥等带来的边际生产力，以可持续产量作为农业开发强度的指导，减少对生态环境系统的不利影响。

以上改进都是建立在全球农业生态区（GlobalAgro-Ecological Zone，GAEZ）基础之上的，但国内外有一些学者基于净初级生产力（NPP），对传统的生态足迹的理论和方法进行了较大幅度的修改。NPP 是指绿色植物在单位时间和单位面积所生产的有机物数量，是地球上所有消费者生命活动的物质和能量来源（杜加强等，2010），生态足迹中生物资源的消费实际上是人类对 NPP 的占用。重新定义发展组织（Redefining

Progress，RP）的 Jason Venetoulis、John Talberth 及其团队提出应用 NPP 对生态足迹的理论和方法进行修改，反映了不同生态系统在自然或人为干扰条件下的现实生物量，更体现了它们在满足食物生产和原料供给之外的生态价值，如气候调节、水土涵养、生物多样性保护、养分循环、废物吸收等（Venetoulis J et al.，2008）。

EF-NPP 模型与 EF-GAEZ 模型相比，可以实时、动态地研究土地生产力的变化，从而更准确地评价区域的可持续发展状况（马高等，2014）。近年来，EF-NPP 模型在国内也有一些简单的介绍和应用。杜加强等（2010）利用该方法和传统生态足迹模型分别计算了我国 1961—2007 年的生态足迹，并对计算结果进行了对比，发现两种模型的计算结果具有相关性；左朋莱等（2009）探讨了基于 NPP 的生态足迹方法与传统生态足迹法的区别并进行了生态足迹测算；刘某承等（2009、2010）基于净初级生产力测算了全国以及各省份的均衡因子和产量因子；方恺等（2012）针对传统能源足迹存在的忽略多数土地的碳吸收贡献、碳吸收能力界定不清等不足，提出了基于全球平均净初级生产力的能源足迹计算方法；马高等（2014）基于净初级生产力的生态足迹法，计算了 2005—2010 年陕西省的均衡因子与产量因子，并与传统生态足迹法的计算结果进行了比较。

2.3.6　生态足迹研究的展望

生态足迹分析作为一个衡量可持续发展的工具，自提出以来，在全球、国家和区域各尺度及各领域得到了广泛应用，理论发展迅速，研究不断扩大和深入。学者们通过对以往的大量成果进行详细研究之后，总结出生态足迹分析方法具有以下主要优点：

（1）生态足迹作为一个全球、国家或区域尺度的生态占用评价综合指标，具有较好的可比性，通过引入均衡因子和产量因子，使生物资源的消耗与自然生态的承载能力也具有较好的区域可比性。

（2）能够在一定时期内定量地测量人类社会发展的需求与自然生态承载力之间的盈亏状况。

（3）模型简便易懂、资料相对易获取（谭伟文，2012）。但生态足迹评价方法也存在很多缺陷，公认的缺陷包括：评价模型的静态性、模型参数选择的弹性不足、社会经济因素对土地生产力的影响被忽略、生态账户涵盖不全面、评价结果忽略土地质量和功能（谭伟文等，2012；王书玉等，2007；刘某承等，2009；杜加强等，2008）。

　　在对国内外生态足迹前沿研究领域进行详细分析的基础上，本书作者认为，今后生态足迹与可持续发展研究应在以下五个方面加大研究力度：

　　（1）在空间尺度上，加大对不同经济发展水平的区域之间的生态足迹比较分析，分析生态足迹的结构层次性、空间叠加性、影响因子综合性等，更好地揭示区域发展与全球可持续发展之间的深入关系。

　　（2）在时间尺度上，加大加密时间序列的研究，揭示区域生态足迹变化与区域发展演化的内在机制及其与区域可持续发展的内在关系。

　　（3）在研究内容上，一方面应加强生态足迹与生态补偿的研究，另一方面应加强不同消费模式下的生态足迹与区域可持续发展的关系研究。

　　（4）在研究领域上，一方面应加强环境、能源、交通、水、旅游业等特定行业和部门的生态足迹研究，另一方面也应加强自然保护区、生物多样性优先区、生态服务功能区和生态红线区等特定保护类区域的生态足迹研究，逐步扩大研究领域。

　　（5）在研究方法上，一方面应加强对生态足迹计算方法的改进，如区域公顷、产量因子、均衡因子、土地类型、贸易调整、能源消耗、废弃物吸纳等计算方面的完善；另一方面要加强生态足迹分析法与其他能反映社会经济方面的度量指标的研究。

第3章 基于NPP的国家级自然保护区生态足迹模型改进

国家级自然保护区的土地生产力水平差异较大，直接套用世界或者全国的通用均衡因子和产量因子，会使评价结果既不能反映保护区可持续性的真实情况，也很难准确、直观地反映国家级自然保护区可持续发展状况。本章基于净初级生产力，对传统的EF-GAEZ模型的均衡因子和产量因子进行了改进，建立了国家级自然保护区EF-NPP模型。

截至2010年年底，我国共有国家级自然保护区319处，分布见图3-1。319个国家级自然保护区边界数据来源于生态环境部。

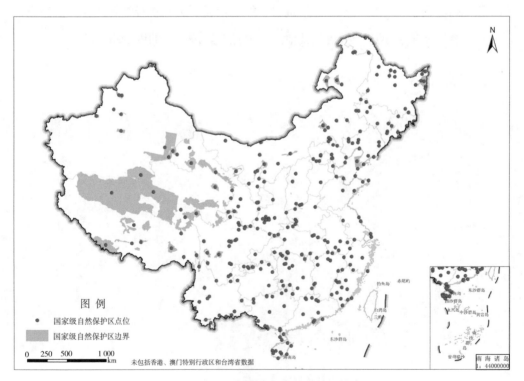

图3-1 2010年国家级自然保护区分布

3.1　EF-NPP 模型的均衡因子和产量因子改进

3.1.1　NPP 的确定和计算

书中采用的 NPP 数据来源于环境保护部和中国科学院联合开展的"全国生态环境十年变化（2000—2010 年）遥感调查与评估"项目。

（1）估算模型

利用光能利用率 CASA 模型提取全国净初级生产力。目前国内外进行 NPP 的估算有很多模型，其中，利用 CASA 模型进行 NPP 的估算有三大优点：①模型比较简单，可直接利用遥感获得全覆盖数据，便于向区域和全球推广；②冠层绿叶所吸收的光合有效辐射比例可以通过遥感手段获得；③可以确切的获得 NPP 季节、年际动态。因此，近年来 CASA 模型得以广泛应用于 NPP 的估算（董丹等，2001；冯益明等，2014；张美玲等，2014；秦瑞等，2014），其估算公式如下（李贵才，2004）：

$$\mathrm{NPP}_{(x,t)} = \mathrm{APAR}_{(x,t)} \times X_{(x,t)} \qquad (3\text{-}1)$$

式中，$\mathrm{APAR}_{(x,t)}$ 为像元 x 在 t 月份吸收的光合有效辐射，MJ/（$\mathrm{m}^2 \cdot$ 旬）；$X_{(x,t)}$ 为像元 x 在 t 月份的实际光能利用率，gC/MJ。

（2）CASA 模型参数估算

以下介绍的项目采用的 CASA 模型估算参考 Potter（1993）、Field（1995）和董丹（2001）等的研究成果。

1）APAR 估算

植被所吸收的光合有效辐射取决于太阳总辐射和植被对光合有效辐射的吸收比例，可用如下公式计算：

$$\mathrm{APAR}_{(x,t)} = \mathrm{SOL}_{(x,t)} \times \mathrm{FPAR}_{(x,t)} \times 0.5 \qquad (3\text{-}2)$$

式中，$\mathrm{SOL}_{(x,t)}$ 为 t 月份在像元 x 处的太阳总辐射量，MJ/（$\mathrm{m}^2 \cdot$ 旬）；$\mathrm{FPAR}_{(x,t)}$ 为植物层对入射光合有效辐射的吸收比例（量纲）；常数 0.5 为植被所能利用的太阳有效辐射（波长为 0.4～0.71 μm）占太阳总辐射的比例。

2）FPAR 的估算

在一定范围内，FPAR 和 NDVI 存在着线性关系，这一关系可以根据植被某一类型 NDVI 最大值和最小值所对应的 FPAR 最大值和最小值确定。即：

$$FPAR_{(x,t)} = \frac{(NDVI_{(x,t)} - NDVI_{i,min}) \times (FPAR_{max} - FPAR_{min})}{(NDVI_{max} - NDVI_{min})} + FPAR_{min}t \quad （3-3）$$

式中，$NDVI_{i,max}$、$NDVI_{i,min}$ 分别对应第 i 种植被的 NDVI 最大值和最小值；进一步研究表明，FPAR 和植被指数（SR）也有很好的线性关系，可由式（3-4）表示：

$$FPAR_{(x,t)} = \frac{(SR_{(x,t)} - SR_{i,min}) \times (FPAR_{max} - FPAR_{min})}{(NDVI_{max} - NDVI_{min})} + FPAR_{min} \quad （3-4）$$

式中，$FPAR_{min}$、$FPAR_{max}$ 取值与植被类型无关，分别为 0.001 和 0.95，SR 由式（3-5）确定；$SR_{i,max}$ 和 $SR_{i,min}$ 分别对应第 i 种植被类型 NDVI 的 95% 和 5% 下侧百分位数。

$$SR = 1 + NDVI_{(x,t)} / 1 - NDVI_{(x,t)} \quad （3-5）$$

考虑到由以上两种方法得到的 FPAR 的值存在差别，因此结合以上公式，取其平均值作为 FPAR 的估算值：

$$FPAR_{(x,t)} = (FPAR_{NDVI} + FPAR_{SR}) \times 0.5 \quad （3-6）$$

3）光能利用率的估算

光能利用率是在一定时期单位面积上生产的干物质中所包含的化学潜能与同一时间投射到该面积上的光合有效辐射能之比，而在现实条件下光能利用率受水分和温度的影响，计算见式（3-7）。

$$X_{(x,t)} = T_{x(x,t)} \times W_{x(x,t)} \times X_{max} \quad （3-7）$$

式中，$T_{x(x,t)}$ 为温度条件对光能利用率的胁迫作用（无量纲）；$W_{x(x,t)}$ 为水分胁迫影响系数（无量纲），反映水分条件的影响；X_{max} 是理想状态下的最大光能利用率，gC/MJ。

4）最大光能利用率的估算

旬光能利用率 X_{max} 的取值因不同的植被类型而有所不同，由于其取值对 NPP 的影响很大，人们对它的大小一直存在争议，利用 CASA 模型估算全球植被 NPP 的最大光能利用率取值为 0.389 gC/MJ，因此本书将 X_{max} 定为 0.389 gC/MJ。

（3）NPP 的估算

"全国生态环境十年变化（2000—2010 年）遥感调查与评估"项目基于 CASA 模型，采用 250 m 的 MODIS 植被指数数据集、基于劈窗算法的地表温度数据集、水分指数数据集以及全国气象数据内插的太阳总辐射数据集估算得到了全国范围 250 m 分辨率 2000 年和 2010 年的 NPP 数据。

（4）国家级自然保护区 NPP 的获取

本节基于全国的 NPP 数据，利用 GIS 方法，提取了 319 个国家级自然保护区 2000 年和 2010 年的 NPP 数据，分别见图 3-2 和图 3-3。

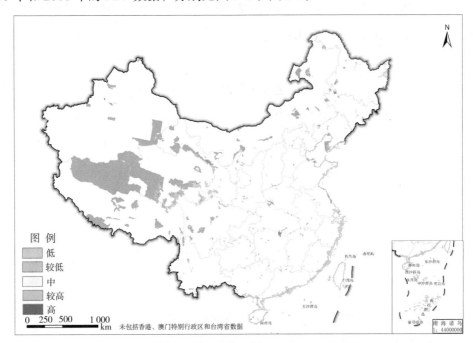

图 3-2　国家级自然保护区 2000 年净初级生产力分布

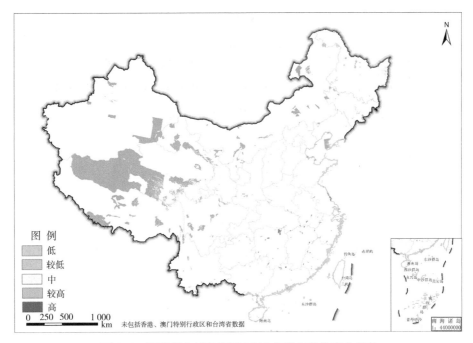

图 3-3　国家级自然保护区 2010 年净初级生产力分布

3.1.2 均衡因子的确定

基于 NPP 数据计算国家级自然保护区的均衡因子，步骤如下：

（1）将 2000 年和 2010 年 250 m 的 NPP 数据集重采样到 30 m 分辨率，分别与 2000 年和 2010 年 30 m 的土地利用数据集进行叠加，得到全国不同类型生物生产性土地（农田、林地、草地和水域）的 NPP。

（2）基于国家级自然保护区的边界矢量数据，利用 GIS 空间分析方法，提取各保护区不同类型生物生产性土地的 NPP。

（3）计算不同保护区森林、草地、水域、农田四个大类各自的平均 NPP，模型见式（3-8）：

$$\mathrm{NPP_{nr}} = \frac{\sum_j \mathrm{NPP}_j \cdot A_j}{\sum_j A_j} \tag{3-8}$$

式中，$\mathrm{NPP_{nr}}$ 为国家级自然保护区各种植被类型的平均 NPP，NPP_j 为自然保护区不同类型生物生产性土地的 NPP，A_j 为不同类型生物生产性土地的面积。

（4）对于保护区森林、草地、农田和水域的均衡因子计算，通过某类生物生产性土地的 NPP 除以这 4 种类型土地的平均 NPP 得到，模型见式（3-9）：

$$r_j = \frac{\mathrm{NPP}_j}{\mathrm{NPP_{nr}}} \tag{3-9}$$

式中，r_j 为国家级自然保护区不同类型生物生产性土地的均衡因子；$\mathrm{NPP_{nr}}$ 为不同类型生物生产性土地的平均 NPP；NPP_j 为不同类型生物生产性土地的 NPP。

开发建设用地的均衡因子采用农田的均衡因子代替。

3.1.3 产量因子的确定

基于 NPP 数据计算国家级自然保护区的产量因子，步骤如下：

（1）将 2000 年和 2010 年 250 m 的 NPP 数据集重采样到 30 m 分辨率，分别与 2000 年和 2010 年 30 m 的土地利用数据集进行叠加，得到全国不同类型生物生产性土地（农田、林地、草地和水域）的 NPP。

（2）基于国家级自然保护区的边界矢量数据，利用 GIS 空间分析方法，得到各保护区不同类型生态系统植被的 NPP。

（3）对于保护区森林、草地、农田和水域的产量因子计算，通过各保护区与全国平均水平的比值得到，模型见式（3-10）：

$$y_j = \frac{NPP_j}{\overline{NPP_j}} \qquad (3\text{-}10)$$

式中：y_j 为国家级自然保护区不同类型生物生产性土地的产量因子；NPP_j 为国家级自然保护区 j 类生物生产性土地的 NPP；$\overline{NPP_j}$ 为全国 j 类土地利用类型的平均 NPP。

同其他产量因子的研究一样（刘某承等，2010），本研究开发建设用地用农田的产量因子代替。

3.1.4　生物多样性保护用地的预留面积比例

参考 WCED 的报告《我们共同的未来》，应该留出 12% 的生物生产性土地面积以保护生物多样性，因此计算生态承载力时需要扣除 12% 的生物生产性土地面积来保护物种的多样性（Wackernagel M et al.，1999），目前国内外生态足迹研究基本采用该标准。计算生态承载力时，12% 这一数值并非科学研究的结果，而是联合国考虑各国政府可以接受的水平所采纳的比例，也有一些学者对该比例进行了调整（Rojstaczer S et al.，2001；杜加强等，2010）。

在我国，国家级自然保护区是为了保护我国珍稀的生态系统和物种而设立的特定保护区域，因此相对于其他非保护性区域，需要预留更多的土地面积用于物种多样性的保护。《中华人民共和国自然保护区条例》（1994）第十八条规定：自然保护区内保存完好的天然状态的生态系统以及珍稀、濒危动植物的集中分布地，应当划为核心区，禁止任何单位和个人进入。

因此本书将每个保护区的核心区面积比例定为生态承载力评价时应预留的土地面积比例。

3.2　EF-GAEZ 模型的均衡因子和产量因子

3.2.1　均衡因子的确定

传统 EF-GAEZ 模型中对均衡因子的研究始于 Wackernagel 等（1996）利用联合国

粮农组织全球农业生态区（GAEZ）及国际应用系统分析研究所（IIASA）估计的土地最大潜在农作物产量的相关数据计算的各类土地均衡因子，应用也非常广泛。

国内有关均衡因子的研究很少，在生态足迹计算中基本上都是直接引用国外有关均衡因子的研究结果。东北大学刘建兴（2004）基于中国统计年鉴和世界粮农组织网站的数据，用6类土地产品的平均产量代替其各自的生产力，粗略估算了我国6种生物生产性土地的均衡因子，农田和建筑用地的均衡因子为5.25，林地和能源用地为0.21，草地为0.09，水域为0.1，其计算做了极其有意义的尝试，但由于其计算方法方面存在不足，使得计算结果没有在国内大范围推广。

本研究EF-GAEZ模型中的均衡因子采用目前世界上应用最广泛的Wackernagel的研究成果，即农田、林地、草地、水域的均衡因子分别为2.8、1.1、0.5和0.2，除了上述4类生态生产性土地外，开发建设用地的均衡因子与农田相同（杨开忠等，2000），见表3-1。

表3-1　EF-GAEZ 模型采用的均衡因子

土地类型	均衡因子
开发建设用地	2.8
农田	2.8
草地	0.5
林地	1.1
水域	0.2

3.2.2　产量因子的确定

国内传统EF-GAEZ模型中对均衡因子的研究很少，张桂宾等（2007）将有关国外不同研究中的中国产量因子取平均值；荆治国等（2007）基于不同产品的中国平均产量和世界平均产量对比，并通过各种产品生产面积加权得到中国的产量因子，但文中没有给出最后的计算结果。

目前大多数有关生态足迹的论文多直接引用国外有关均衡因子的研究结果（Wackernagel M et al., 1996；赵慧霞等，2004；蒋依依等，2005）。本研究EF-GAEZ模型中的产量因子也采用Wackernagel测算生态足迹采用的产量因子，其中：农田和开发建设用地为1.66，草地为0.19，林地为0.91，水域为1.0，见表3-2。

表 3-2　EF-GAEZ 模型采用的产量因子

土地类型	产量因子
开发建设用地	1.66
农田	1.66
草地	0.19
林地	0.91
水域	1.0

3.2.3　生物多样性保护用地的预留面积比例

本书为了便于比较，和 EF-NPP 方法一样，将每个保护区的核心区面积比例定为生态承载力评价时应预留的土地面积比例。

3.3　人均生态足迹的获取与计算

3.3.1　人均生态足迹模型

在计算生态足迹时，生物生产性土地面积一般考虑 6 种类型：化石能源用地、农田、林地、草地、建设用地和水域。其中，化石能源用地是指吸收化石能源燃烧过程中排放出的 CO_2 所需的林地面积，实际计算都采用人类所需的原煤、焦炭、原油、汽油、煤油、柴油、燃料油、液化石油气、天然气和热力等消费量乘以我国能源折算系数（邱大雄，1995），因此将为人类生存提供这些能源消费的土地划为开发建设用地。本研究计算生态足迹时，生物生产性土地类型考虑 5 类：农田、林地、草地、水域和开发建设用地。

由于各种生物生产性土地类型的生态生产力不同，使用平均生物生产力将资源消费量及废物吸纳量转化为所需要的生物生产性面积。引入均衡因子，将不同类型的生物生产性土地转化为等价的生态生产力，从而计算出总的生态足迹，见式（3-11）、式（3-12）。

$$EF_{nr} = \sum_{j=1}^{n} \frac{C_j}{EP_j} \cdot r_j \qquad (3-11)$$

$$ef_{nr} = EF_{nr} / N \qquad (3-12)$$

式中，EF_{nr} 为自然保护区总生态足迹；j 为生物生产性土地类型；C_j 为资源消费量；EP_j 为平均生物生产力；r_j 为等量化因子即均衡因子；ef_{nr} 为自然保护区人均生态足迹；N 为总人口数（王洪波，2013）。

3.3.2　人均生态足迹计算

（1）生物资源账户的数据来源和计算

生态足迹计算中的人类消费主要由两部分组成：一是生物资源的消费；二是能源的消费。

参照 WWF 的分类标准（WWF，2004），同时结合我国统计年鉴可获取的各类消费数据的情况，本研究将生物资源的消费量分为农田类 14 项（包括稻谷、小麦、玉米、薯类、高粱、大豆、蚕豆、棉花、油料、麻类、糖类、烟叶、蔬菜和瓜果）、林地类 12 项（包括油桐籽、油茶籽、乌桕子、棕片、松脂、竹笋干、板栗、核桃、水果、茶叶、竹子、木材）、草地类 10 项（猪肉、牛肉、羊肉、禽肉、绵羊毛、山羊毛、奶类、禽蛋、蜂蜜、蚕茧）和水域类（各类水产品），数据来源于各类统计年鉴（沈镇昭等，2001；陈邦勋等，2011；国家统计局，2001；国家统计局，2011；于秀琴等，2011；杜西平等，2011；苏银增等，2011；卢建明等，2011；胡敏谦等，2011；张晶等，2011；程春等，2011；刘树胜等，2011；王志雄等，2011；朱晓明等，2011；浙江省统计局，2011；倪胜如，2011；杨洪春等，2011；彭勇平等，2011；刘兴慧等，2011；刘永奇等，2011；李团中等，2011；戴乐平等，2011；广东省统计局，2011；邱祖强等，2011；符国瑄等，2011；郑子彬等，2011；四川省统计局，2011；陶谋立等，2011；陈杨东等，2011；武建华等，2011；张晓光等，2011；樊怀玉等，2011；康玲等，2011；贾红邦等，2011；金建新等，2011；北京市统计局，2001；韩启祥等，2001；郭文书等，2001；郝凡等，2001；李斌等，2001；裴志远等，2001；袁玉岫等，2001；李志范等，2001；潘建新等，2001；汤以伦等，2001；吴永革等，2001；胡连松等，2001；林文芳，2001；彭道宾等，2001；张义国等，2001；李贵基等，2001；吴威先等，2001；刘志荣等，2001；卜新民，2001；廖新华等，2001；陈运兴等，2001；蔡永生等，2001；黄国芹，2001；郝嘉伍等，2001；史萌等，2001；达顿等，2001；杨永善等，2001；朱文兴等，2001；薛政等，2001；贾红邦等，2001；刘国宁等，2001）。

以上这些资源都是由相应的农田、林地、草地和水域 4 类生物生产性土地生产出来的，所以分别对应农田足迹、林地足迹、草地足迹和水域足迹。用消费量除以生物生产性土地的世界平均产量，可以将各消费项目的人均年消费量折算成人均占有的生物生产性土地面积。

本研究采用联合国粮农组织公布的世界平均产量数据（表 3-3），以便进行不同保护区和不同年份的比较（徐中民等，2000，2001，2002，2003；陈东景等，2001）。

表 3-3　生物生产性土地的世界平均产量

生产性土地类型	生物资源种类	全球平均产量/（kg/hm²）
农田	稻谷	2 744
	小麦	2 744
	玉米	2 744
	薯类	12 607
	高粱	3 200
	大豆	1 856
	蚕豆	852
	棉花	1 000
	油料	1 856
	麻类	1 500
	糖类	4 893
	烟叶	1 548
	蔬菜	18 000
	瓜果	18 000
林地	油桐籽	1 600
	油茶籽	1 600
	乌桕子	1 600
	棕片	1 600
	松脂	1 600
	竹笋干	3 000
	板栗	3 000
	核桃	3 000
	水果	3 500
	茶叶	566
	木材（原木）	1.99
	竹子	3 506

续表

生产性土地类型	生物资源种类	全球平均产量/（kg/hm^2）
草地	猪肉	74
	牛肉	33
	羊肉	33
	禽肉	457
	绵羊毛	15
	山羊毛	15
	奶类	502
	禽蛋	400
	蜂蜜	50
	蚕茧	1 000
水域	水产品/t	29

（2）能源消费账户的数据来源和计算

能源资源账户包括：原煤、焦炭、原油、汽油、煤油、柴油、燃料油、液化石油气、天然气、热力和电力 11 项指标，前 10 项对应的需要转化为开发用地，电力对应的需要转化为建设用地，两者合并为开发建设用地足迹。数据来源于《中国能源统计年鉴》（国家统计局工业交通统计司，2004；国家统计局能源统计司，2011）。根据我国能源折算系数（邱大雄，1995），将能源的具体消耗量折算为统一的能量单位，再以该化石能源世界平均能源足迹为标准（表 3-4），折算出人均占有的开发建设用地土地面积。此处的"世界平均能源足迹"表示某种燃料燃烧释放相当量热值时，同时产生的 CO_2 需要 1 hm^2 林地 1 年时间的吸收。

（3）确定均衡因子，计算各类生物生产性土地均衡面积

根据本章 3.1 节和 3.2 节的方法，引入 EF-NPP 模型和 EF-GAEZ 模型中的均衡因子，使不同类型的生物生产性土地转化为等价的生态生产力，从而分别计算 EF-NPP 模型和 EF-GAEZ 模型的各类生物生产性土地的生态足迹。在此基础上，加和得到总生态足迹。

（4）人均生态足迹的计算

用总生态足迹除以研究区总人口，得到研究区人均生态足迹。

表 3-4　各种能源转换参数

生产性土地类型	能源种类	全球平均能源足迹/（GJ/hm²）	折算系数/（GJ/t）
开发用地	煤炭	55	20.934
	焦炭	55	28.47
	原油	71	41.868
	燃料油	71	50.2
	汽油	71	43.124
	煤油	71	43.124
	柴油	71	42.705
	液化石油气	93	50.2
建设用地	电力/kW·h	1 000	36

注：电力折算系数单位为 GJ/10⁴kW·h。

资料来源：Wackernagel，1999。

3.3.3　国家级自然保护区人均生态足迹的计算

计算生态足迹需要大量的生产和消费统计数据，但我国的统计数据基本以行政区域为单元，缺乏国家级自然保护区的各项统计数据。考虑到生活在国家级自然保护区内的居民和该保护区所在县域的居民人均消费水平基本一致，因此，本研究选取国家级自然保护区所在县的人均生态足迹，作为保护区的人均生态足迹值。

全国有 227 个国家级自然保护区的边界落在一个县域范围内，92 个国家级自然保护区的边界落在多个县域内（表 3-5），三江源国家级自然保护区甚至跨十多个县域。对于边界落在一个县域的保护区，取该县的人均生态足迹值作为保护区的人均生态足迹。如果保护区跨多个县域，则计算各县的人均生态足迹平均值，作为该保护区的人均生态足迹值。

表 3-5　国家级自然保护区涉及的县级市数量统计

保护区数量/个	保护区涉及的县级市数量/个
227	0～1
81	2～5
10	5～10
1	>10

注：数据不含港、澳、台地区。

33

3.4 人均生态承载力的计算

3.4.1 人均生态承载力模型

将农田、草地、林地、开发建设用地、水域等不同土地类型的面积乘以相应的均衡因子和当地的产量因子，就可以得到国家级自然保护区生态承载力（王洪波，2013），见式（3-13）和式（3-14）。

$$EC_{nr} = \sum_{j=1}^{n} A_j \cdot r_j \cdot y_j \tag{3-13}$$

$$ec_{nr} = EC_{nr} / N \tag{3-14}$$

式中，EC_{nr} 为生态承载力；j 为生物生产性土地类型；A_j 为不同类型的土地面积；r_j 为等量化因子（均衡因子）；y_j 为不同类型土地产量的调整系数（产量因子）；ec_{nr} 为人均生态承载力；N 为总人口数。

3.4.2 土地覆盖数据的获取

本研究采用的 2000 年和 2010 年的土地覆盖数据来源于"全国生态环境十年变化（2000—2010 年）遥感调查与评估"项目。

（1）分类系统

该项目的土地覆盖分类系统见表3-6，共包括林地、草地、湿地、农田、人工表面和其他共 6 个一级土地覆盖类型。

表 3-6　国家土地覆盖分类体系

序号	I 级分类	代码	II 级分类	指标
1	林地	101	常绿阔叶林	自然或半自然植被，H=3～30 m，C>20%，不落叶，阔叶
		102	落叶阔叶林	自然或半自然植被，H=3～30 m，C>20%，落叶，阔叶
		103	常绿针叶林	自然或半自然植被，H=3～30 m，C>20%，不落叶，针叶
		104	落叶针叶林	自然或半自然植被，H=3～30 m，C>20%，落叶，针叶
		105	针阔混交林	自然或半自然植被，H=3～30 m，C>20%，25%<F<75%，
		106	常绿阔叶灌木林	自然或半自然植被，H=0.3～5 m，C>20%，不落叶，阔叶

续表

序号	I 级分类	代码	II 级分类	指标
1	林地	107	落叶阔叶灌木林	自然或半自然植被，H=0.3～5 m，C>20%，落叶，阔叶
		108	常绿针叶灌木林	自然或半自然植被，H=0.3～5 m，C>20%，不落叶，针叶
		109	乔木园地	人工植被，H=3～30 m，C>20%
		110	灌木园地	人工植被，H=0.3～5 m，C>20%
		111	乔木绿地	人工植被，人工表面周围，H=3～30 m，C>20%
		112	灌木绿地	人工植被，人工表面周围，H=0.3～5 m，C>20%
2	草地	21	草甸	自然或半自然植被，K>1.5，土壤水饱和，H=0.03～3 m，C>20%
		22	草原	自然或半自然植被，K=0.9～1.5，H=0.03～3 m，C>20%
		23	草丛	自然或半自然植被，K>1.5，H=0.03～3 m，C>20%
		24	草本绿地	人工植被，人工表面周围，H=0.03～3 m，C>20%
3	湿地	31	湿地	自然或半自然植被，T>2或湿土，C>20%
		32	湖泊	自然水面，静止
		33	水库/坑塘	人工水面，静止
		34	河流	自然水面，流动
		35	运河/水渠	人工水面，流动
4	农田	41	水田	人工植被，土地扰动，水生作物，收割过程
		42	旱地	人工植被，土地扰动，旱生作物，收割过程
5	人工表面	51	居住地	人工硬表面，居住建筑
		52	工业用地	人工硬表面，生产建筑
		53	交通用地	人工硬表面，线状特征
		54	采矿场	人工挖掘表面
6	其他	61	其他	以上未包括的类型

注：C 为覆盖度/郁闭度，%；F 为针阔比率，%；H 为植被高度，m；T 为水一年覆盖时间，月；K 为湿润指数。数据不含港、澳、台地区。

为了便于和生态足迹相比较，开发建设用地的面积从人工表面类型提取，水域从湿地类型提取，其他类型不包括在国家级自然保护区生态承载力计算内。

（2）数据源

该项目以 30 m 空间分辨率光学卫星遥感数据为主，2010 年使用国产环境卫星 CCD 数据，2000 年使用美国陆地资源卫星 TM 数据。国家级自然保护区等重点区域以空间分辨率优于 10 m 的卫星数据为主。通过大气校正、辐射校正、几何校正、正射纠正和影像镶嵌等处理，建立季相一致的遥感基础数据集。

（3）遥感解译

按照全国土地类型分布特征，将全国分为东北、华北、华东、华南、华中、西南、西北、新疆 8 个工作区，采用面向对象的多尺度分割、决策树和人工目视解译相结合的分类技术，获取 2000 年和 2010 年的土地覆盖分类数据，采用高分辨率遥感数据修订分类结果。

1）基于面向对象的分类技术

面向对象的分类方法是一种智能化的影像分析方法。面向对象的分类基本单元不再是单个像元，而是更有实际意义的影像对象。传统基于像元的分类方法仅仅依靠图像的光谱特征作为分类的依据，过度着眼于局部而忽略了附近整片图斑的几何结构情况，在分类时必然有局限（黄慧萍等，2004）。面向对象的分类方法在影像光谱特征的基础上，充分考虑了地物的空间信息、空间关系信息，如对象大小、方差、长宽比、形状指数、朝向、邻近关系、包容关系、方向关系、距离关系等特征，可以充分利用对象和周围环境之间的联系等因素，从对象上提取的非光谱信息结合光谱信息分类可提高分类精度（胡进刚，2006）。

2）基于并行处理的多尺度分割

多尺度分割是面向对象分类方法的关键步骤，是从一个像素的对象开始进行一个自下而上的合并技术，小的影像对象可以合并到大的对象中去。在每一步骤中相邻的像元，只要符合定义的异质性最小的标准就合并，如果这个最小的异质性超出尺度参数定义的阈值范围，合并过程即停止。通过多尺度分割，可以生成影像对象层，各地物从不同的影像层中提取。多尺度分割可以让每个类型在各自的尺度上有较好的空间斑块信息表达，产生丰富的地物斑块的内部纹理信息、几何属性、空间关系、尺度关联等信息。

3）决策树架构建立并分类

决策树的建立是土地覆被分类的基础和依据，通过决策树的节点、指标、阈值的三要素分析，判别各参数层信号的土地覆被类型归属。由于各区块的地物类型和景观差异性，每个区块的决策树不可能相同，但基础的大类都是存在的，并具有相同的光谱特征。为此，在决策树顶层采用统一的结构，即通用参数层次；下层依据区域特征进一步设计，通过对象的解译标志库和样本训练，建立分类决策树的指标与决策树结构，通过决策树的分级，进行类型的不断提纯，最终达到单个类别划分的结果（戴南，2003）。

（4）土地覆被验证

基于随机抽样理论方法，设计 2010 年全国土地覆盖验证方案（图 3-4）。首先确定样本大小，建立全国等大的样本总体（矢量网格）。根据总体数量与土地覆盖监测精度要求进行样本量的估计。按随机分布的原则在空间上分配样本。对确定的样本进行野外实地调查，获取与制图尺度一致的地面真实数据。将地面样本数据与土地覆盖分类数据进行空间叠加，建立误差混合矩阵，进行精度评估。分析每个土地覆盖的总精度、用户者精度与生产者精度；分析分层精度以及不同地理单元内的精度。

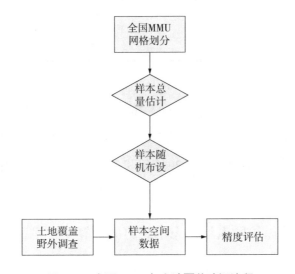

图 3-4　全国 2010 年土地覆盖验证流程

地面核查共收集 31 675 个样点，与土地覆盖产品进行叠加。评估结果表明，全国土地覆盖一级类平均精度为 96%，二级类平均精度为 91%（表 3-7）。

表 3-7　2010 年国家部分土地覆盖分省精度评估　　　　单位：%

省份	一级类精度	二级类精度	省份	一级类精度	二级类精度
北京	97	93	河南	98	95
天津	96	96	湖北	95	90
河北	97	94	湖南	95	89
山西	98	97	广东	95	86
内蒙古	96	90	广西	96	86
辽宁	96	87	海南	93	88
吉林	96	87	重庆	94	88
黑龙江	95	86	四川	96	92
上海	97	93	贵州	92	89
江苏	97	96	云南	95	90
浙江	97	89	西藏	96	90
安徽	97	95	陕西	95	88
福建	95	91	甘肃	95	92
江西	96	86	青海	97	95
山东	96	93	宁夏	95	93
新疆	96	93	平均	96	91

（5）国家级自然保护区土地覆被的获取

基于"全国生态环境十年变化（2000—2010 年）遥感调查与评估"项目的全国分类数据，利用 GIS 方法，提取 319 个国家级自然保护区 2000 年和 2010 年的土地覆被数据，并统计不同类型的面积信息。2000 年和 2010 年国家级自然保护区土地覆被分布分别见图 3-5 和图 3-6。

3.4.3　国家级自然保护区人均生态承载力的计算

（1）确定均衡因子和产量因子，计算总生态承载力

根据本章 3.1 节和 3.2 节的方法，分别引入 EF-NPP 模型和 EF-GAEZ 模型的均衡因子和产量因子，将国家级自然保护区 2000 年和 2010 年的农田、草地、林地、开发建设用地、水域等面积分别乘以相应的均衡因子和产量因子，得到基于 EF-NPP 模型和 EF-GAEZ 模型 2000 年和 2010 年的总生态承载力。

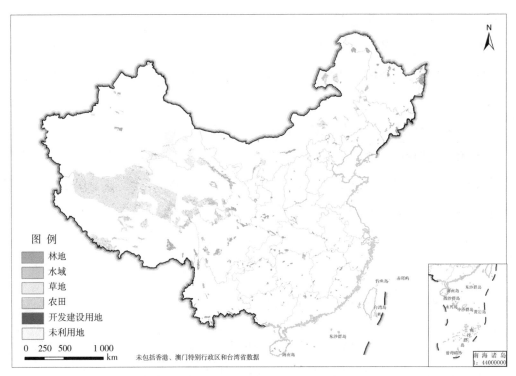

图 3-5　国家级自然保护区 2000 年土地利用分布

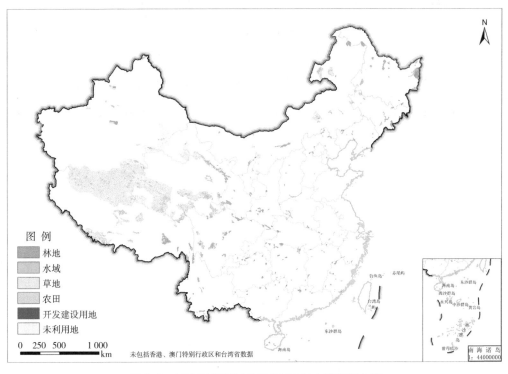

图 3-6　国家级自然保护区 2010 年土地利用分布

（2）减去生物多样性保护用地的预留面积比例

在总生态承载力的基础上，减去每个保护区的生物多样性保护用地面积比例，即每个保护区的核心区面积，得到 EF-GAEZ 模型和 EF-NPP 模型的 2000 年和 2010 年实际总承载力。

（3）国家级自然保护区人均生态承载力计算

国家级自然保护区 2000 年和 2010 年的人口数据来源于环境保护部开展的"全国自然保护区调查与评价"项目。用 EF-GAEZ 模型和 EF-NPP 模型计算出的 2000 年和 2010 年的实际总生态承载力，除以国家级自然保护区 2000 年和 2010 年的人口，得到 2 个年份基于 EF-GAEZ 模型和 EF-NPP 模型计算的人均生态承载力。

3.5 人均生态赤字或盈余的计算

国家级自然保护区人均生态赤字或盈余由人均生态足迹与人均生态承载力的关系来确定，将两者相减，如果人均生态足迹大于人均生态承载力，则产生生态赤字，反之则为生态盈余，见式（3-15）和式（3-6）。

$$ED_{nr}=ef_{nr}-ec_{nr}（ef_{nr}>ec_{nr}） \qquad （3-15）$$

$$ER_{nr}=ec_{nr}-ef_{nr}（ef_{nr}<ec_{nr}） \qquad （3-16）$$

式中，ED_{nr} 为国家级自然保护区人均生态赤字；ER_{nr} 为国家级自然保护区人均生态盈余；ef_{nr} 为国家级自然保护区人均生态足迹；ec_{nr} 为国家级自然保护区人均生态承载力。

第4章 EF-GAEZ 模型与 EF-NPP 模型的比较

4.1 EF-GAEZ 模型与 EF-NPP 模型产量因子和均衡因子比较

4.1.1 均衡因子比较

EF-GAEZ 传统模型中，国家级自然保护区农田、林地、草地、水域的均衡因子为固定值，2010 年和 2000 年均为 2.8、1.1、0.5、0.2，总体呈现农田＞林地＞草地＞水域的规律。

EF-NPP 模型计算的 2000 年国家级自然保护区的农田、林地、草地、水域平均均衡因子分别为 1.40、1.08、0.77、0.66，2010 年国家级自然保护区的农田、林地、草地、水域的平均均衡因子分别为 1.19、1.16、0.85、0.73（表 4-1），均呈现农田＞林地＞草地＞水域的规律，与 EF-GAEZ 模型的规律一致。

表 4-1 EF-NPP 模型计算的均衡因子平均值统计

土地类型	2010年	2000年
农田	1.19	1.40
林地	1.16	1.08
草地	0.85	0.77
水域	0.73	0.66

4.1.2 产量因子比较

EF-GAEZ 模型中，国家级自然保护区农田、林地、草地、水域的产量因子分别为 1.66、0.91、0.19、1。

EF-NPP 模型计算的 2000 年国家级自然保护区的农田、林地、草地、水域平均产量因子分别为 0.88、0.88、1.77、1.13，2010 年国家级自然保护区的农田、林地、草地、水域平均产量因子分别为 0.88、0.89、1.39 和 1.05（表 4-2）。相较于 EF-GAEZ 模型，EF-NPP 模型对产量因子的调整增大了国家级自然保护区林地、草地和水域的产量因子，降低了农田和开发建设用地的产量因子。EF-NPP 模型大大提高了水域、草地、林地 3 种自然生态系统的生态承载力，增加了 3 种自然生态系统的重要性，减弱了农田和开发建设用地的作用，这更加符合国家级自然保护区的实际情况。

表 4-2　EF-NPP 模型计算的产量因子平均值统计

土地类型	2010年	2000年
农田	0.88	0.88
林地	0.89	0.88
草地	1.39	1.77
水域	1.05	1.13

4.2　EF-GAEZ 模型与 EF-NPP 模型相关性分析

分别基于 EF-GAEZ 模型与 EF-NPP 模型计算出 319 个国家级自然保护区 2000 年和 2010 年的人均生态足迹和人均生态承载力，利用相关分析法，分析两种模型计算出的结果是否存在相关关系，从而对 EF-NPP 模型进行验证。

4.2.1　相关分析方法

自然界中存在的许多变量并不是各自独立变化的，某些变量在变化过程中相互之间存在着一定的联系。在对社会、经济、科技等相关问题进行定量研究的过程中，经常要考察两个变量联系的密切程度及其联系的具体形式，即对两个变量进行相关分析。相关分析在工农业生产和科学研究等各项活动中被广泛应用，是一种不可缺少的分析工具（冯亚新，2010）。

相关关系按照相关程度分为完全相关（函数相关）、不完全相关（假相关）、零相关（不相关），在统计学上，通常用相关系数 r（即 Pearson 系数）来描述，其计算公式为（赖国毅等，2010）：

$$r = \frac{\sum_{i}^{n}(x_i - \bar{x})(y_i - \bar{y})}{\sqrt{\sum_{i=1}^{n}(x_i - \bar{x})^2}\sqrt{\sum_{i=1}^{n}(y_i - \bar{y})^2}}$$

$$= \frac{n\sum_{i=1}^{n}x_iy_i - \left(\sum_{i=1}^{n}x_i\right)\left(\sum_{i=1}^{n}y_i\right)}{\sqrt{n\sum_{i=1}^{n}x_1^2 - \left(\sum_{i=1}^{n}x_i\right)^2}\sqrt{n\sum_{i=1}^{n}y_1^2 - \left(\sum_{i=1}^{n}y_i\right)^2}}$$

（4-1）

式中，$\bar{x}$ 和 $\bar{y}$ 分别为两个要素样本值的平均值，即 $\bar{x} = \frac{1}{n}\sum_{i=1}^{n}x_i$，$\bar{y} = \frac{1}{n}\sum_{i=1}^{n}y_i$；当 $|r| < 0.3$ 时，零相关；

$0.3 \le |r| < 0.5$ 时，低度相关；

$0.5 \le |r| < 0.8$ 时，显著相关；

$0.8 \le |r| < 1$ 时，高度相关。

当通过样本数据计算出两变量间的线性相关系数之后，通常要对其线性相关程度进行统计检验，即选取适当的统计量，在给定的显著性水平下，检验统计量取值的显著性，即相关系数检验。本研究采取 t 检验的方法（王天营，2011），具体步骤为：

（1）提出零假设 H_0：两总体之间不存在显著的线性相关，备择假设 H_1：两总体之间存在显著的线性相关。

（2）根据相关系数的计算方法，计算相应的统计量，其具体公式为：

$$t = \frac{r\sqrt{n-2}}{\sqrt{1-r^2}} \sim t(n-2)$$

（4-2）

式中，t 统计量服从自由度为 $n-2$ 的 t 分布。

（3）根据统计量得到所对应的相伴概率。给定一个显著性 α（本书采用 $\alpha=0.01$），如果相伴概率小于或等于显著性水平 α，则拒绝零假设 H_0，接受 H_1，认为两者总体之间存在显著的线性相关。反之，如果相伴概率大于显著性水平 α，则接受零假设 H_0，认为两总体之间不存在显著的线性相关（赖国毅等，2010）。

4.2.2　国家级自然保护区人均生态足迹相关性分析

（1）2010 年人均生态足迹相关性分析

以 EF-GAEZ 模型得到的 2010 年人均生态足迹作为解释变量，以 EF-NPP 模型方法得到的 2010 年人均生态足迹作为被解释变量，进行相关性分析和线性回归拟合。图 4-1 为根据 EF-GAEZ 模型与 EF-NPP 模型计算出的 319 个国家级自然保护区 2010 年的人均生态足迹（以下简称 EF-GAEZ$_{2010人均生态足迹}$和 EF-NPP$_{2010人均生态足迹}$）的相关关系，结果具有较好的一致性，Pearson 相关系数为 0.811，决定系数 R^2 达到 0.658。从相关性检验中（表 4-3）可以看出，EF-GAEZ$_{2010人均生态足迹}$和 EF-NPP$_{2010人均生态足迹}$相关系数的显著性值为 0，小于 0.01，即说明 EF-GAEZ$_{2010人均生态足迹}$和 EF-NPP$_{2010人均生态足迹}$线性显著正相关。

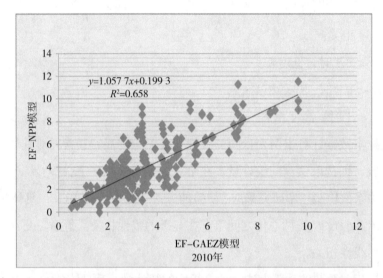

图 4-1　EF-GAEZ 模型与 EF-NPP 模型人均生态足迹相关关系（单位：hm^2）

表 4-3　EF-GAEZ 模型与 EF-NPP 模型人均生态足迹相关性检验

比较值	参数	EF-GAEZ$_{2010人均生态足迹}$	EF-NPP$_{2010人均生态足迹}$
EF-GAEZ$_{2010年人均生态足迹}$	Pearson 相关性	1	0.811**
	显著性（双侧）		0.000
	N	319	319
EF-NPP$_{2010年人均生态足迹}$	Pearson 相关性	0.811**	1
	显著性（双侧）	0.000	
	N	319	319

注：** 表示在 0.01 水平（双侧）上显著相关。

（2）2000 年人均生态足迹相关性分析

以 EF-GAEZ 模型得到的 2000 年人均生态足迹作为解释变量，以 EF-NPP 模型方法得到的 2000 年人均生态足迹作为被解释变量，进行相关性分析和线性回归拟合。

图 4-2 为根据 EF-GAEZ 模型与 EF-NPP 模型计算出的 319 个国家级自然保护区 2000 年的人均生态足迹（以下简称 EF-GAEZ$_{2000 人均生态足迹}$ 和 EF-NPP$_{2000 人均生态足迹}$）的相关关系，结果具有较好的一致性，Pearson 相关系数（r）为 0.804，决定系数 R^2 达到 0.646。从相关性检验中（表 4-4）可以看出，EF-GAEZ$_{2000 人均生态足迹}$ 和 EF-NPP$_{2000 人均生态足迹}$ 相关系数的显著性值为 0，小于 0.01，即说明 EF-GAEZ$_{2000 人均生态足迹}$ 和 EF-NPP$_{2000 人均生态足迹}$ 线性显著正相关。

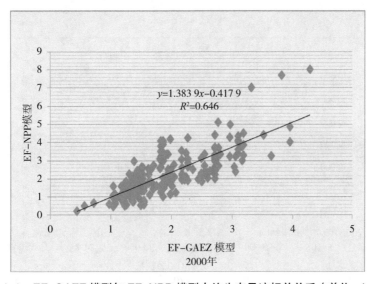

图 4-2　EF-GAEZ 模型与 EF-NPP 模型人均生态足迹相关关系（单位：hm^2）

表 4-4　EF-GAEZ 模型与 EF-NPP 模型人均生态足迹相关性检验

比较值	参数	EF-GAEZ$_{2000人均生态足迹}$	EF-NPP$_{2000人均生态足迹}$
EF-GAEZ$_{2000年人均生态足迹}$	Pearson 相关性	1	0.804[**]
	显著性（双侧）		0.000
	N	278	278
EF-NPP$_{2000年人均生态足迹}$	Pearson 相关性	0.804[**]	1
	显著性（双侧）	0.000	
	N	278	278

注：** 表示在 0.01 水平（双侧）上显著相关。

4.2.3　国家级自然保护区人均生态承载力相关性分析

（1）2010 年人均生态承载力相关性分析

以 EF-GAEZ 模型得到的 2010 年人均生态承载力作为解释变量，以 EF-NPP 模型方法得到的 2010 年人均生态承载力作为被解释变量，进行相关性分析和线性回归拟合。图 4-3 为根据 EF-GAEZ 模型与 EF-NPP 模型计算出的 319 个国家级自然保护区 2010 年的人均承载力（以下简称 EF-GAEZ$_{2010人均生态承载力}$和 EF-NPP$_{2010人均生态承载力}$）的相关关系，结果具有较好的一致性，Pearson 相关系数（r）为 0.842，决定系数 R^2 达到 0.709。从相关性检验中（表 4-5）可以看出，EF-GAEZ$_{2010人均生态承载力}$和 EF-NPP$_{2010人均生态承载力}$相关系数的显著性值为 0，小于 0.01，即说明 EF-GAEZ$_{2010人均生态承载力}$和 EF-NPP$_{2010人均生态承载力}$线性显著正相关。

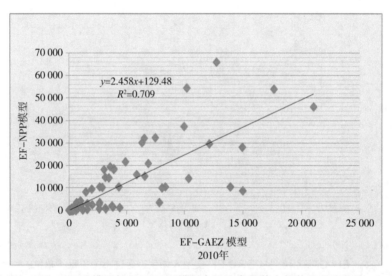

图 4-3　EF-GAEZ 模型与 EF-NPP 模型人均生态承载力相关关系（单位：hm^2）

表 4-5　EF-GAEZ 模型与 EF-NPP 模型人均生态承载力相关性检验

比较值	参数	EF-GAEZ$_{2010人均生态承载力}$	EF-NPP$_{2010人均生态承载力}$
EF-GAEZ$_{2010年人均生态承载力}$	Pearson 相关性	1	0.842**
	显著性（双侧）		0.000
	N	299	299
EF-NPP$_{2010年人均生态承载力}$	Pearson 相关性	0.842**	1
	显著性（双侧）	0.000	
	N	299	1 299

注：** 表示在 0.01 水平（双侧）上显著相关。

（2）2000 年人均生态承载力相关性分析

以 EF-GAEZ 模型得到的 2000 年人均生态承载力作为解释变量，以 EF-NPP 模型方法得到的 2000 年人均生态承载力作为被解释变量，进行相关性分析和线性回归拟合。图 4-4 为根据 EF-GAEZ 模型与 EF-NPP 模型计算出的 319 个国家级自然保护区 2000 年的人均承载力（以下简称 EF-GAEZ$_{2000\text{人均生态承载力}}$和 EF-NPP$_{2000\text{人均生态承载力}}$）的相关关系，结果具有较好的一致性，Pearson 相关系数（r）为 0.848，决定系数 R^2 达到 0.719 6。从相关性检验中（表 4-6）可以看出，EF-GAEZ$_{2000\text{人均生态承载力}}$和 EF-NPP$_{2000\text{人均生态承载力}}$相关系数的显著性值为 0，小于 0.01，即说明 EF-GAEZ$_{2000\text{人均生态承载力}}$和 EF-NPP$_{2000\text{人均生态承载力}}$线性显著正相关。

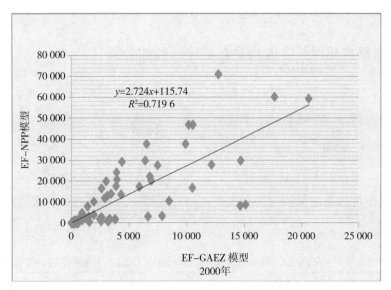

图 4-4　EF-GAEZ 模型与 EF-NPP 模型人均生态承载力相关关系（单位：hm^2）

表 4-6　EF-GAEZ 模型与 EF-NPP 模型人均生态承载力相关性检验

比较值	参数	EF-GAEZ$_{2000\text{人均生态承载力}}$	EF-NPP$_{2000\text{人均生态承载力}}$
EF-GAEZ$_{2000\text{年人均生态承载力}}$	Pearson 相关性	1	0.848**
	显著性（双侧）		0.000
	N	301	301
EF-NPP$_{2000\text{年人均生态承载力}}$	Pearson 相关性	0.848**	1
	显著性（双侧）	0.000	
	N	301	301

　　注：** 表示在 0.01 水平（双侧）上显著相关。

4.3 EF-GAEZ 模型与 EF-NPP 模型一致性比较

分析国家级自然保护区人均生态足迹和承载力的现状及变化规律时，一般采用分级评价的方法。如果 EF-GAEZ 模型和 EF-NPP 模型计算的结果在同一级别具有较高的一致性，则两种模型分析得到的国家级自然保护区人均生态足迹和承载力空间规律一致。本节在对 EF-GAEZ 模型和 EF-NPP 模型的人均生态足迹和生态承载力进行分级的基础上，统计位于同一级别的相同自然保护区数量，以验证 EF-NPP 模型与 EF-GAEZ 模型的一致性。

4.3.1 国家级自然保护区人均生态足迹一致性分析

根据专家咨询，对国家级自然保护区人均生态足迹进行分级，将其划分为 0～2.5 hm²、2.5～5 hm² 和 >5 hm² 3 个级别。

（1）2010 年人均生态足迹一致性比较

2010 年，EF-NPP 模型计算出的人均生态足迹值为 0～2.5 hm² 的保护区有 98 个，EF-GAEZ 模型计算出的保护区为 103 个。两种模型下，相同的保护区数量共有 71 个（表 4-7）。

表 4-7　不同级别的 EF-GAEZ 模型与 EF-NPP 模型人均生态足迹一致性比较

人均生态足迹（2010 年）/hm²	EF-NPP模型		EF-GAEZ模型		相同的保护区数量/个
	数量/个	百分比/%	数量/个	百分比%	
0～2.5	98	31	103	32	71
2.5～5	136	42	169	53	102
>5	85	27	47	15	44

2010 年，EF-NPP 模型计算出的人均生态足迹值为 2.5～5 hm² 的保护区有 136 个，EF-GAEZ 模型计算出的保护区为 169 个。两种模型下，相同的保护区数量共有 102 个。

2010 年，EF-NPP 模型计算出的人均生态足迹值 >5 hm² 的保护区有 85 个，EF-GAEZ 模型计算出的保护区为 47 个。两种模型下，相同的保护区数量共有 44 个。

根据 EF-NPP 模型和 EF-GAEZ 模型计算的 2010 年人均生态足迹在 3 个分级范围内，相同的国家级自然保护区总数有 217 个，一致性达到 68%（占国家级自然保护区总数的比率）。

（2）2000 年人均生态足迹一致性比较

2000 年，EF-NPP 模型计算出的人均生态足迹值为 0～2.5 hm² 的保护区有 208 个，EF-GAEZ 模型计算出的保护区有 247 个。两种模型下，相同的保护区数量共有 185 个（表 4-8）。

表 4-8　不同级别的 EF-GAEZ 模型与 EF-NPP 模型人均生态足迹一致性比较

人均生态足迹（2000年）/hm²	EF-NPP模型		EF-GAEZ模型		相同的保护区数量/个
	数量/个	百分比%	数量/个	百分比%	
0～2.5	208	65	247	77	185
2.5～5	89	28	71	22	43
>5	22	7	1	1	1

2000 年，EF-NPP 模型计算出的人均生态足迹值为 2.5～5 hm² 的保护区有 89 个，EF-GAEZ 模型计算出的保护区有 71 个。两种模型下，相同的保护区数量共有 43 个。

2000 年，EF-NPP 模型计算出的人均生态足迹值 >5 hm² 的保护区有 22 个，EF-GAEZ 模型计算出的保护区有 1 个。两种模型下，相同的保护区数量共有 1 个。

根据 EF-NPP 模型和 EF-GAEZ 模型计算的 2000 年人均生态足迹在 3 个分级范围内，相同的国家级自然保护区总数有 229 个，一致性达到 72%。

4.3.2　国家级自然保护区人均生态承载力一致性分析

根据专家咨询，对国家级自然保护区人均生态承载力进行分级，将其划分为 0～5 hm²、5～100 hm² 和 >100 hm² 3 个级别。

（1）2010 年人均生态承载力一致性比较

2010 年，EF-NPP 模型计算出的人均生态承载力为 0～5 hm² 的保护区有 99 个，EF-GAEZ 模型计算出的保护区有 142 个。两种模型下，相同的保护区数量共有 89 个（表 4-9）。

表 4-9　不同级别的 EF-GAEZ 模型与 EF-NPP 模型人均生态承载力一致性比较

人均生态承载力（2010年）/hm²	EF-NPP模型		EF-GAEZ模型		相同的保护区数量/个
	数量/个	百分比/%	数量/个	百分比/%	
0～5	99	31	142	44	89
5～100	134	42	98	31	78
>100	86	27	79	25	73

2010 年，EF-NPP 模型计算出的人均生态承载力为 5～100 hm² 的保护区有 134 个，EF-GAEZ 模型计算出的保护区有 98 个。两种模型下，相同的保护区数量共有 78 个。

2010 年，EF-NPP 模型计算出的人均生态承载力 >100 hm² 的保护区有 86 个，EF-GAEZ 模型计算出的保护区有 79 个。两种模型下，相同的保护区数量共有 73 个。

根据 EF-NPP 模型和 EF-GAEZ 模型计算的 2010 年人均生态承载力在 3 个分级范围内，相同的国家级自然保护区总数有 240 个，一致性达到 75%。

（2）2000 年人均生态承载力一致性比较

2000 年，EF-NPP 模型计算出的人均生态承载力为 0～5 hm² 的保护区有 101 个，EF-GAEZ 模型计算出的保护区有 143 个。两种模型下，该级别内相同的保护区数量共有 89 个（表 4-10）。

表 4-10　不同级别的 EF-GAEZ 模型与 EF-NPP 模型人均生态承载力一致性比较

人均生态承载力（2000年）/hm²	EF-NPP模型		EF-GAEZ模型		相同的保护区数量/个
	数量/个	百分比%	数量/个	百分比%	
0～5	101	32	143	45	89
5～100	131	41	97	30	73
>100	87	27	79	25	74

2000 年，EF-NPP 模型计算出的人均生态承载力为 5～100 hm² 的保护区有 131 个，EF-GAEZ 模型计算出的保护区有 97 个。两种模型下，该级别内相同的保护区数量共有 73 个。

2000 年，EF-NPP 模型计算出的人均生态承载力 >100 hm² 的保护区有 87 个，EF-GAEZ 模型计算出的保护区有 79 个。两种模型下，该级别内相同的保护区数量共有 74 个。

根据 EF-NPP 模型和 EF-GAEZ 模型计算的 2000 年人均生态承载力在 3 个分级范围内，相同的国家级自然保护区总数有 236 个，一致性达到 74%。

4.4　小结

由于 EF-NPP 模型是在 EF-GAEZ 模型的基础上改进得到，计算模式相同，因此计算得到的 2000 年和 2010 年国家级自然保护区人均生态足迹和人均承载力显著相关，相关性均在 0.8 以上。两种模型计算的人均生态足迹和承载力在同一级别具有较高的一致性，总体在 68% 以上，这也说明两种模型分析得到的国家级自然保护区人均生态足迹和承载力规律一致，EF-NPP 模型的计算结果可信。

与传统的 EF-GAEZ 模型相比，EF-NPP 模型有以下优点：

（1）与传统的 EF-GAEZ 模型相比，用生态系统 NPP 计算均衡因子和产量因子，有其固有的优点。生态系统的能量流动始于绿色植物的光合作用，NPP 直接反映不同生态系统中植物群落的真实生产能力。因此，用生态系统 NPP 代表土地的生物生产力，可以使均衡因子真实、直观和准确地反映各类型的生产力差别，使得生态足迹的计算真实反映人类对生态系统供给能力的占用程度，从而可以更好地评估国家级自然保护区的生态持续性。同时，EF-NPP 模型可以实现产量因子的实时更新，特别是对于草地、林地等难以采用统计和调查等常规方法定量生产力的生态系统类型，采用 EF-NPP 模型是解决静态产量因子无法反映全球气候变化、土壤退化、技术进步等问题的有效途径之一（Fiala，2008；杜加强等，2008）。

（2）根据"全国生态环境十年变化（2000—2010 年）遥感调查与评估"项目的结论：2000 年和 2010 年国家级自然保护区以自然生态系统为主，均占 90% 以上（环境保护部等，2014），由于 EF-NPP 模型增大了国家级自然保护区林地、草地和水域这 3 类自然生态系统的产量因子，从而使 EF-NPP 得到的人均生态承载力大于 EF-GAEZ 方法。而生态承载力相对于生态足迹的增大，使 EF-NPP 模型中生态赤字出现的年份晚于 EF-GAEZ 模型，EF-NPP 方法得到的结果比 EF-GAEZ 方法更为乐观，部分解决了 EF-GAEZ 结果较为悲观的质疑（杜斌等，2004），因此，EF-NPP 模型在生态足迹时间序列变化趋势研究方面比 EF-GAEZ 模型更为合理（杜加强等，2008）。

第 5 章　国家级自然保护区生态足迹现状及其变化分析

5.1　国家级自然保护区人均生态足迹现状

5.1.1　国家级自然保护区人均生态足迹现状

（1）人均生态足迹现状总体分析

2010 年，319 个国家级自然保护区人均生态足迹为 3.56 hm²。开发建设用地、农田、草地、水域、林地的人均生态足迹分别为 1.67 hm²、0.89 hm²、0.66 hm²、0.26 hm²、0.08 hm²，分别占 2010 年人均总足迹构成的 46.91%、25%、18.54%、7.30%、2.25%，见表 5-1、图 5-1。从国家级自然保护区生态足迹的组分来看，林地和水域对生态足迹的贡献相对较小，两者占比之和不到 10%。开发建设用地和农田对国家级自然保护区人均生态足迹贡献较大，两者占比之和为 71.91%，其中，开发建设用地的人均生态足迹需求占将近一半，可见，国家级自然保护区内居民对农田和开发建设用地的需求很大，生态环境压力大。

表 5-1　2010 年国家级自然保护区人均生态足迹统计

不同生态生产性土地	人均生态足迹/hm²	占比/%
农田	0.89	25.00
林地	0.08	2.25
草地	0.66	18.54
水域	0.26	7.30
开发建设用地	1.67	46.91
平均人均生态足迹	3.56	100

注：统计数据不含港、澳、台地区。

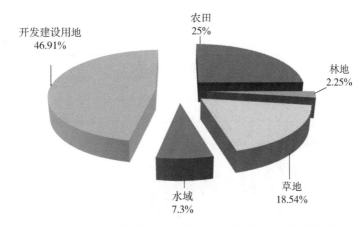

图 5-1　2010 年国家级自然保护区不同生态生产类型土地人均生态足迹构成比例

（2）人均生态足迹空间分布

2010 年，国家级自然保护区人均生态足迹在空间上的分布具有明显的差异性（表 5-2、图 5-2、图 5-3）。黑龙江、吉林、辽宁、内蒙古、宁夏、山东、新疆、四川省（区）的国家级自然保护区人均生态足迹值相对较高，重庆、上海、北京直辖市和西藏、山西、贵州等西部省（区）的值相对较低。这和刘东等（2012）在自然资源学报上发表的"基于生态足迹的中国生态承载力供需平衡分析"结论基本一致。我国人均生态足迹高值区主要分布在内蒙古高原、大兴安岭南北麓、天山南北麓、祁连山脉等西部地区。

表 5-2　2010 年国家部分省、自治区、直辖市国家级自然保护区人均生态足迹统计　　单位：hm²

省份	人均生态总足迹	省份	人均生态总足迹
内蒙古	8.12	福建	2.65
宁夏	6.03	湖南	2.41
山东	5.46	湖北	2.4
辽宁	5.28	浙江	2.34
新疆	5.05	甘肃	2.28
四川	4.55	安徽	2.21
吉林	4.08	青海	2.2
河北	3.83	江西	2.03
黑龙江	3.79	重庆	1.83
江苏	3.62	广东	1.72
广西	3.42	山西	1.7
海南	3.39	上海	1.65
河南	3.15	西藏	1.6
陕西	2.9	北京	1.48
云南	2.89	贵州	1.24
天津	2.74		

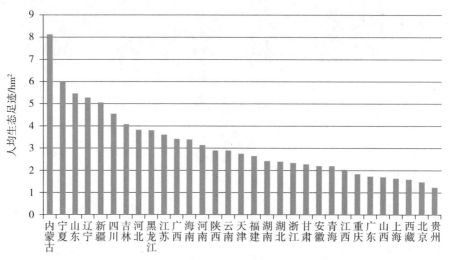

图 5-2　2010 年国家部分省、自治区、直辖市国家级自然保护区人均生态足迹比较

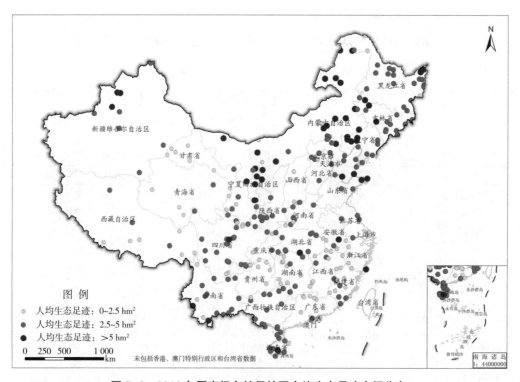

图 5-3　2010 年国家级自然保护区人均生态足迹空间分布

　　内蒙古、宁夏、辽宁、新疆和山东等省（区）的国家级自然保护区开发建设用地人均生态足迹需求较大（表 5-3、图 5-5），四川、黑龙江、吉林省的国家级自然保护区农田人均生态足迹需求较大（表 5-3、图 5-6），由于开发建设用地和农田占据国家

级自然保护区人均生态足迹需要的主体，直接导致这些区域的自然保护区人均生态足迹需求较大。福建、广西、湖南和安徽的国家级自然保护区林地人均生态足迹需求较高（表5-3、图5-7）；青海、内蒙古和西藏省（区）的国家级自然保护区草地人均生态足迹需求较高（表5-3、图5-8）；山东、海南、江苏、辽宁和广东等沿海省份的国家级自然保护区水域人均生态足迹需求较高（表5-3、图5-9）。

表5-3　2010年国家部分省、自治区、直辖市国家级自然保护区不同类型人均生态足迹统计

单位：hm^2

省份	农田	林地	草地	水域	开发建设用地
安徽	0.52	0.14	0.29	0.27	0.99
北京	0.09	0.01	0.16	0.02	1.19
福建	0.24	0.41	0.31	0.46	1.24
甘肃	0.53	0.03	0.37	0.01	1.34
广东	0.51	0.04	0.21	0.50	0.46
广西	1.35	0.29	0.72	0.41	0.65
贵州	0.39	0.02	0.37	0.02	0.44
海南	0.57	0.11	0.42	1.27	1.01
河北	0.79	0.05	0.61	0.18	2.20
河南	0.87	0.05	0.56	0.13	1.55
黑龙江	1.72	0.12	0.60	0.08	1.28
湖北	0.59	0.03	0.61	0.43	0.74
湖南	0.62	0.17	0.61	0.13	0.89
吉林	1.49	0.01	0.57	0.04	1.97
江苏	0.66	0.02	0.23	0.97	1.74
江西	0.57	0.08	0.43	0.39	0.57
辽宁	0.60	0.06	0.80	0.70	3.12
内蒙古	1.28	0.00	1.61	0.03	5.20
宁夏	0.88	0.03	0.84	0.16	4.12
青海	0.16	0.00	1.66	0.00	0.39

续表

省份	农田	林地	草地	水域	开发建设用地
山东	0.68	0.10	0.55	1.78	2.36
山西	0.32	0.02	0.20	0.01	1.16
陕西	0.42	0.07	0.51	0.03	1.86
上海	0.08	0.01	0.07	0.09	1.40
四川	1.89	0.03	0.59	0.22	1.81
天津	0.67	0.01	1.04	0.39	0.63
西藏	0.14	0.05	1.41	0.00	0.00
新疆	1.62	0.13	0.86	0.04	2.40
云南	0.96	0.04	0.70	0.09	1.10
浙江	0.25	0.04	0.31	0.13	1.61
重庆	0.43	0.03	0.36	0.05	0.96

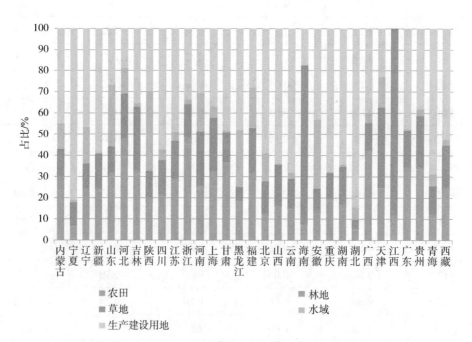

图 5-4 2010 年国家部分省、自治区、直辖市国家级自然保护区不同类型用地人均生态足迹比例

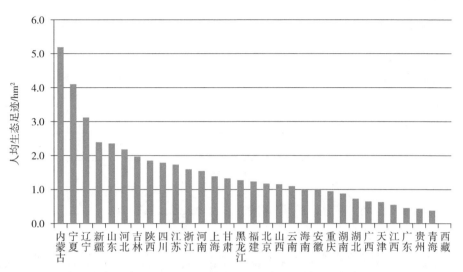

图 5-5　2010 年国家部分省、自治区、直辖市国家级自然保护区开发建设用地人均生态足迹

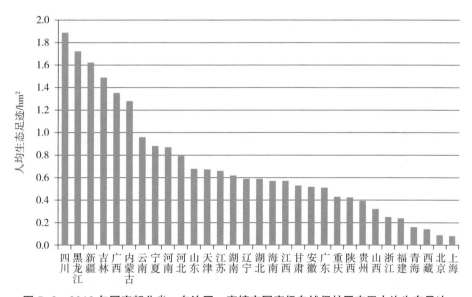

图 5-6　2010 年国家部分省、自治区、直辖市国家级自然保护区农田人均生态足迹

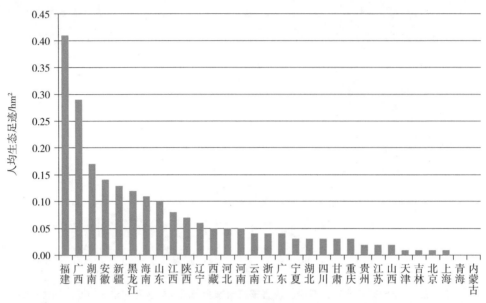

图 5-7　2010 年国家部分省、自治区、直辖市国家级自然保护区林地人均生态足迹

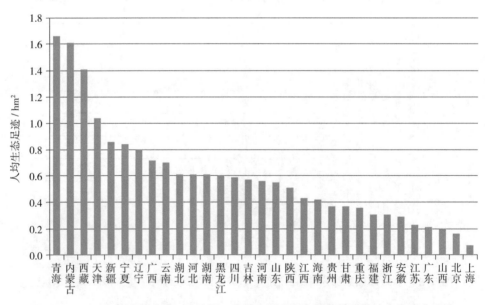

图 5-8　2010 年国家部分省、自治区、直辖市国家级自然保护区草地人均生态足迹

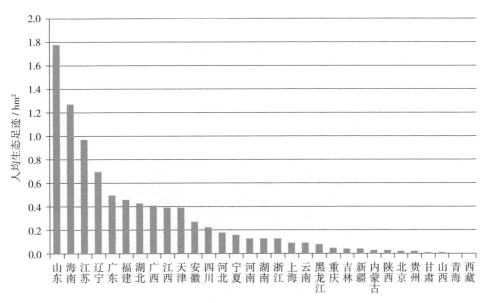

图 5-9　2010 年国家部分省、自治区、直辖市国家级自然保护区水域人均生态足迹

5.1.2　国家级自然保护区人均生态承载力现状

（1）人均生态承载力现状总体分析

2010 年，319 个国家级自然保护区人均生态承载力为 3 758.94 hm^2，其中，草地、林地、水域、农田、开发建设用地的人均生态承载力分别为 1 406.75 hm^2、1 044.32 hm^2、696.66 hm^2、430.96 hm^2、180.25 hm^2，占 2010 年人均生态总承载力的 37.42%、27.78%、18.53%、11.47%、4.80%（表 5-4、图 5-10）。分析表明，2010 年国家级自然保护区生态承载力主要来源于自然生态系统，草地、林地和水域这 3 类自然生态系统的人均生态承载力占比总和达到 83.73%，农田和开发建设用地的人均生态承载力占比总和将近 16.27%。

表 5-4　2010 年国家级自然保护区人均生态承载力统计

土地类型	人均生态承载力/hm^2	占比/%
草地	1 406.75	37.42
林地	1 044.32	27.78
水域	696.66	18.53
农田	430.96	11.47
开发建设用地	180.25	4.80
平均人均生态承载力	3 758.94	100.00

注：统计数据不含港、澳、台地区。

分析表明，2010年我国国家级自然保护区生态承载力主要来源于自然生态系统，但保护区内人口的人均生态足迹需求主要依赖于农田和开发建设用地。对农田和开发建设用地的需求，给保护区内自然生态系统的保护带来很大威胁。

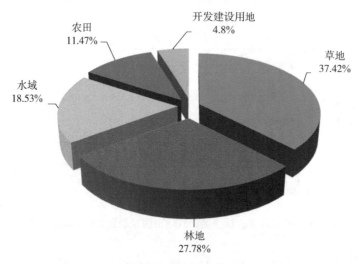

图5-10　2010年国家级自然保护区不同类型人均生态承载力构成

与人均生态足迹相比，319个国家级自然保护区的人均生态承载力非常大，这是因为人均生态足迹的数据来源于统计数据，而人均生态承载力是以国家级自然保护区不同类型的土地利用面积为基础，计算得到总承载力，再除以自然保护区的人口数。

与非保护性区域相比，国家级自然保护区人口相对较少，一些西部的保护区，如青海可可西里、新疆阿尔金山等保护区，趋近无人区；一些沿海的国家级自然保护区，如广东珠江口中华白海豚、雷州珍稀海洋生物、福建漳江口红树林、广西合浦营盘港—英罗港儒艮保护区等，保护对象为海洋生物，边界全部落在海洋，保护区内无常住人口。但由于历史遗留或开发力度大等原因，有些保护区人口数量众多，河南南阳恐龙蛋化石群、陕西汉中朱鹮、黑龙江饶河东北黑蜂、甘肃祁连山等国家级自然保护区的人口数量均在10万以上。

保护区人口差异的悬殊一方面大大提高了全国国家级自然保护区的平均人均生态承载力，另一方面也导致不同保护区的人均生态承载力差异显著。经统计，全国人均生态承载力在100 hm² 以上的保护区有78个，占24.45%，其中95%的保护区人口数量在100人以下，有的基本为无人口保护区；1 hm² 以下的保护区有49个，占15.36%；1～5 hm² 的保护区有92个，占28.84%；5～10 hm² 的保护区有34个，占

10.66%；10～100 hm^2 的保护区有 66 个，占 20.69%（表 5-5）。

表 5-5　不同人均生态承载力国家级自然保护区数量及百分比

人均生态承载力/hm^2	国家级自然保护区数量/个	占比/%
0～1	49	15.36
1～5	92	28.84
5～10	34	10.66
10～100	66	20.69
>100	78	24.45

注：数据不含港、澳、台地区。

（2）人均生态承载力空间分布

国家级自然保护区人均生态承载力在空间上分布不均衡。我国面积最大的几个自然保护区均集中在西部地区，土地资源丰富，生态总承载量很大，但保护区人口稀少，因此人均生态承载力相对较高。西藏的羌塘自然保护区（298 000 km^2）、新疆的罗布泊野骆驼自然保护区（78 000 km^2）和阿尔金山自然保护区（45 000 km^2）、青海的三江源自然保护区（152 300 km^2）和可可西里自然保护区（45 000 km^2）5 个保护区的总面积占全国国家级自然保护区总面积的 66%，但羌塘自然保护区内仅有 7 586 人、三江源自然保护区内有 223 630 人、罗布泊野骆驼自然保护区、阿尔金山自然保护区和可可西里保护区趋近于无人区。因此我国国家级自然保护区的人均生态承载力在空间上呈现西部国家级自然保护区人均生态承载力明显高于中、东部国家级自然保护区的分布规律。该结论与 WWF 发布的《中国生态足迹报告 2012：消费、生产与可持续发展》结论一致。我国人均生物承载力的区域差异以人口瑷珲–腾冲线为分水岭，该线以西的地区如西藏、青海、内蒙古、新疆，人均生物承载力相对较高，该线以东的地区人口稠密，人均生物承载力相对较低（WWF 等，2012）。

表 5-6　2010 年国家部分省、自治区、直辖市国家级自然保护区人均生态承载力统计

单位：hm^2

省份	人均生态承载力	省份	人均生态承载力
新疆	45 257.70	河南	692.12
青海	43 590.01	广西	652.66
四川	7 028.49	北京	478.90

续表

省份	人均生态承载力	省份	人均生态承载力
宁夏	6 026.01	湖北	410.06
上海	4 749.78	江西	385.66
黑龙江	4 398.07	山东	378.60
河北	3 415.39	广东	359.03
内蒙古	2 754.70	吉林	254.77
甘肃	2 725.78	安徽	239.72
西藏	1 986.88	湖南	172.12
陕西	1 705.76	浙江	61.75
海南	1 618.40	辽宁	9.00
福建	1 221.77	山西	5.84
云南	922.46	江苏	5.59
天津	2.02	重庆	2.03
贵州	1.89		

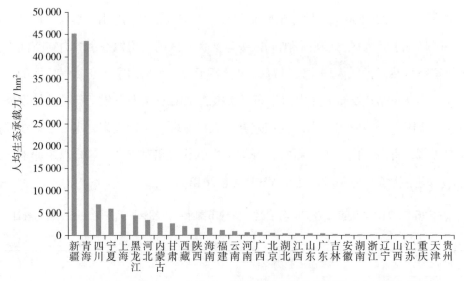

图 5-11 2010 年国家部分省、自治区、直辖市国家级自然保护区人均生态承载力

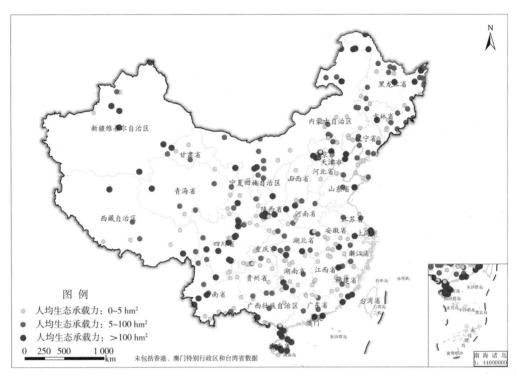

图 5- 12　2010 年国家级自然保护区人均生态承载力空间分布

宁夏、青海、福建、新疆等省（区）的国家级自然保护区开发建设用地人均生态承载力需求较大（表 5-7、图 5-14）；上海、河北、甘肃、新疆等省（区）的国家级自然保护区农田人均生态承载力需求较大（表 5-7、图 5-15）；天津、湖北、西藏和重庆等省（区、市）的国家级自然保护区林地人均生态承载力需求较高（表 5-7、图 5-16）；新疆、青海、四川和宁夏等省（区）的国家级自然保护区草地人均生态承载力需求较高（表 5-7、图 5-17）；青海、新疆、上海和黑龙江等省（区）的国家级自然保护区水域人均生态承载力需求较高（表 5-7、图 5-18）。

表 5-7　2010 年国家部分省、自治区、直辖市国家级自然保护区不同类型人均生态承载力统计

单位：hm^2

省份	农田	林地	草地	水域	开发建设用地
安徽	6.41	230.13	1.85	1.29	0.04
北京	42.34	414.89	3.81	0.00	17.86
福建	219.38	18.70	0.30	44.10	939.29
甘肃	2 299.07	134.87	48.34	59.73	183.77

续表

省份	农田	林地	草地	水域	开发建设用地
广东	184.50	20.60	0.62	118.07	35.24
广西	235.16	370.45	3.87	10.37	32.81
贵州	0.46	1.38	0.01	0.00	0.03
海南	113.58	1 473.92	0.67	29.55	0.69
河北	2 402.89	760.62	40.62	46.27	164.99
河南	347.30	343.54	0.10	0.46	0.72
黑龙江	527.78	2 749.19	42.50	1 005.95	72.64
湖北	345.92	1.70	0.00	9.32	53.13
湖南	97.06	36.86	0.71	1.86	35.63
吉林	232.45	5.41	0.03	1.00	15.88
江苏	5.33	0.00	0.00	0.08	0.19
江西	2.69	382.14	0.05	0.32	0.47
辽宁	5.73	1.57	0.00	0.40	1.31
内蒙古	111.71	2 192.5	148.63	186.74	115.12
宁夏	313.18	1 215.88	577.87	5.93	3 913.14
青海	3.90	16.53	24 217.67	18 374.80	977.10
山东	277.17	5.92	0.85	0.50	94.16
山西	3.15	2.41	0.15	0.00	0.13
陕西	99.32	1 582.44	22.28	0.03	1.68
上海	3 664.95	0.00	0.00	1084.83	0.00
四川	547.49	4 802.13	1 539.50	67.16	72.21
天津	1.36	0.32	0.00	0.01	0.34
西藏	362.08	1 400.73	203.51	15.42	5.14
新疆	1 115.78	1 918.74	31 221.54	10 578.98	422.66
云南	113.63	803.29	0.60	0.14	4.80
浙江	13.58	6.26	0.01	0.01	41.90
重庆	1.48	0.48	0.02	0.00	0.05

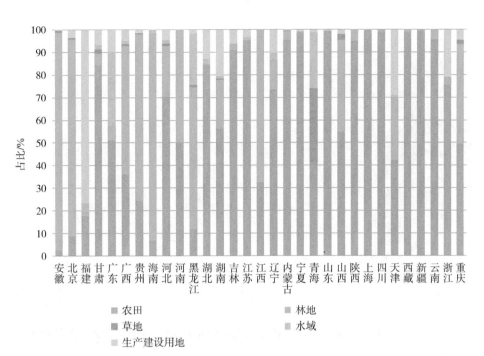

图 5-13　2010 年国家部分省、自治区、直辖市国家级自然保护区不同类型人均生态承载力

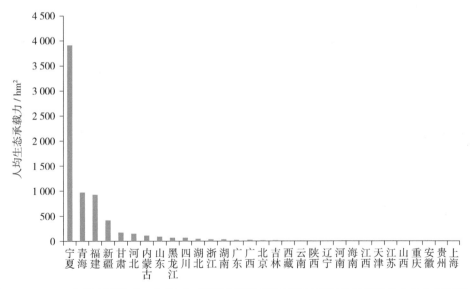

图 5-14　2010 年国家部分省、自治区、直辖市国家级自然保护区开发建设用地人均生态承载力

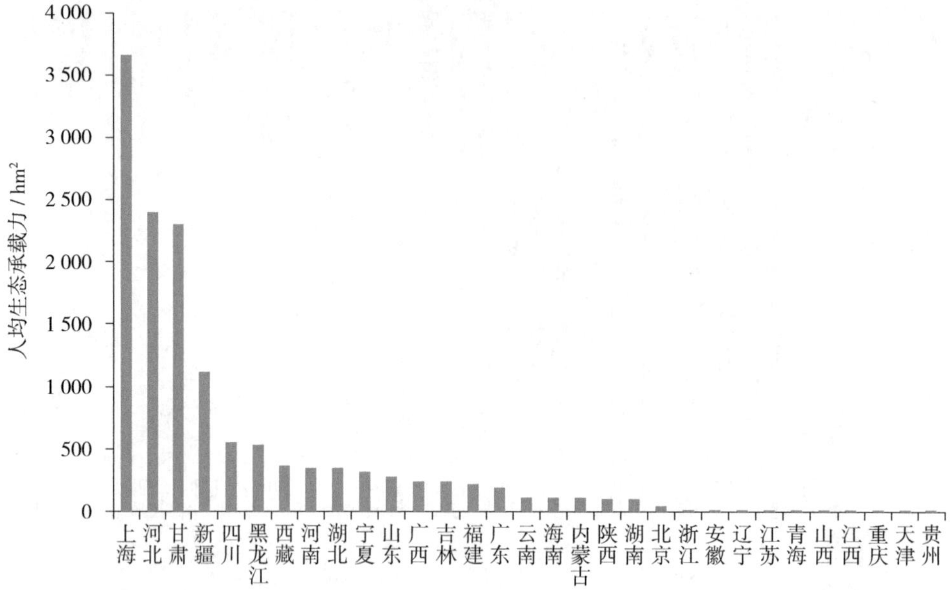

图 5-15　2010 年国家部分省、自治区、直辖市国家级自然保护区农田人均生态承载力

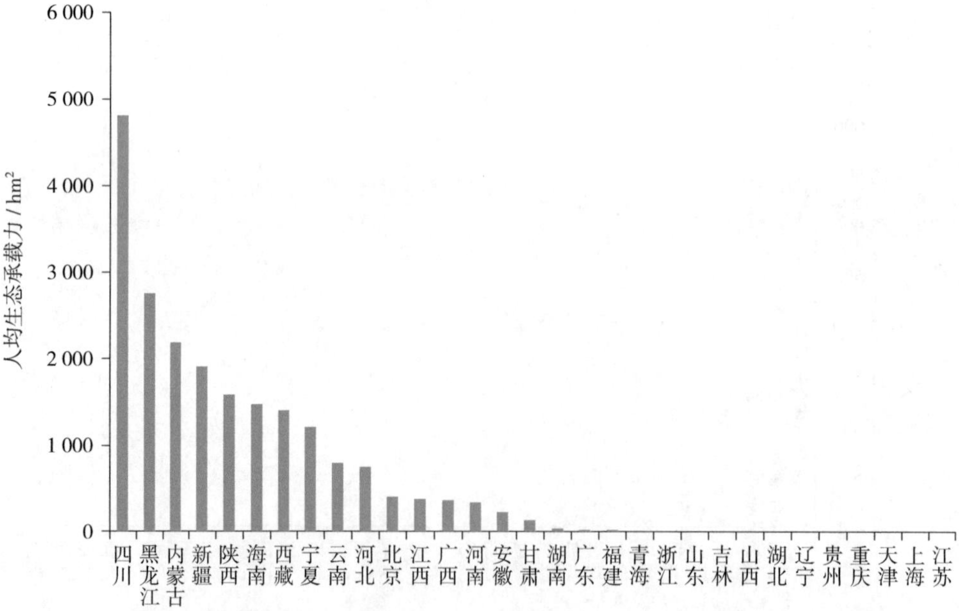

图 5-16　2010 年国家部分省、自治区、直辖市国家级自然保护区林地人均生态承载力

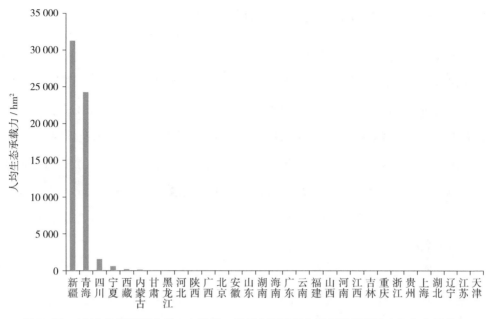

图 5-17　2010 年国家部分省、自治区、直辖市国家级自然保护区草地人均生态承载力

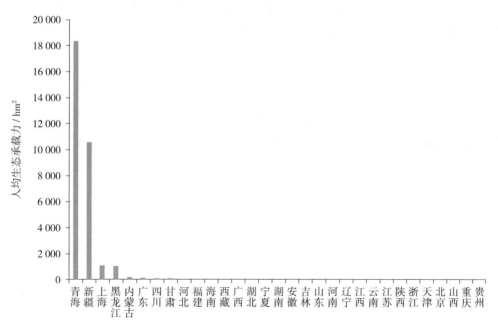

图 5-18　2010 年国家部分省、自治区、直辖市国家级自然保护区水域人均生态承载力

5.1.3　国家级自然保护区生态盈亏现状

（1）人均生态盈亏现状总体分析

2010 年，国家级自然保护区人均生态足迹需求总体上远远低于人均生态承载力，处于生态盈余状态。与非保护区域相比，国家级自然保护区受到严格的保护，人类干扰相对少，人口对资源的利用和需求总体上在生态系统的生态承载力范围内。

但国家级自然保护区人均生态盈亏差异明显，全国有 177 个国家级自然保护区的人均生态足迹需求低于人均生态承载力，处于生态盈余状态，占 55.49%。142 个国家级自然保护区的人均生态足迹需求高于人均生态承载力，出现生态赤字，占国家级自然保护区总数的 44.51%。

（2）人均生态盈亏空间分布

西藏、新疆、宁夏等西北地区的国家级自然保护区生态系统承载力总量大，总体上处于人均生态盈余状态；北京市和上海市的国家级自然保护区人均生态足迹需求低，全部处于盈余状态；黑龙江省的自然保护区多为森林类和湿地类（自然生态系统类），且人口较少，全省有 18 个自然保护区处于生态盈余、5 个自然保护区处于生态赤字；海南省的自然保护区多位于海域，人口较少，有 7 个保护区处于生态盈余、2 个保护区处于生态赤字。

贵州、安徽、天津、重庆、辽宁和内蒙古等省（区、市）的国家级自然保护区以生态赤字为主，原因在于内蒙古、辽宁省（区）的国家级自然保护区的人均生态足迹需求大，贵州、重庆、天津、安徽等省（市）的国家级自然保护区的人均生态承载力较小（表5-8）。

表 5-8　2010 年国家部分省、自治区、直辖市国家级自然保护区人均生态盈亏变化统计

省份	生态盈余		生态赤字	
	数量/个	百分比/%	数量/个	百分比/%
黑龙江	18	78.26	5	21.74
四川	14	60.87	9	39.13
广西	9	56.25	7	43.75
内蒙古	9	39.13	14	60.87
甘肃	8	53.33	7	46.67

省份	生态盈余		生态赤字	
	数量/个	百分比/%	数量/个	百分比/%
河北	8	72.73	3	27.27
吉林	8	61.54	5	38.46
陕西	8	66.67	4	33.33
广东	7	63.64	4	36.36
海南	7	77.78	2	22.22
河南	7	63.64	4	36.36
湖北	7	70.00	3	30.00
西藏	7	77.78	2	22.22
新疆	7	77.78	2	22.22
云南	7	43.75	9	56.25
湖南	6	35.29	11	64.71
辽宁	5	41.67	7	58.33
浙江	5	55.56	4	44.44
福建	4	33.33	8	66.67
江西	4	50.00	4	50.00
宁夏	4	66.67	2	33.33
青海	3	60.00	2	40.00
山东	3	42.86	4	57.14
北京	2	100.00	0	0.00
江苏	2	66.67	1	33.33
山西	2	40.00	3	60.00
上海	2	100.00	0	0.00
安徽	1	16.67	5	83.33
贵州	1	12.50	7	87.50
天津	1	33.33	2	66.67
重庆	1	33.33	2	66.67

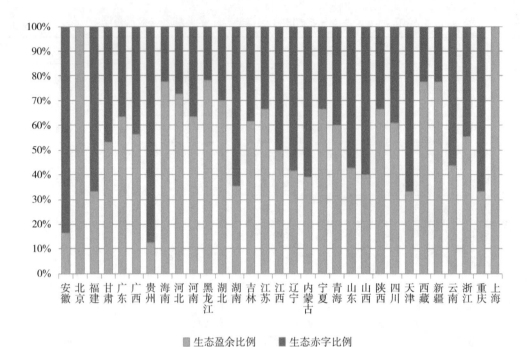

图 5-19 2010 年国家部分省、自治区、直辖市国家级自然保护区人均生态盈亏比例

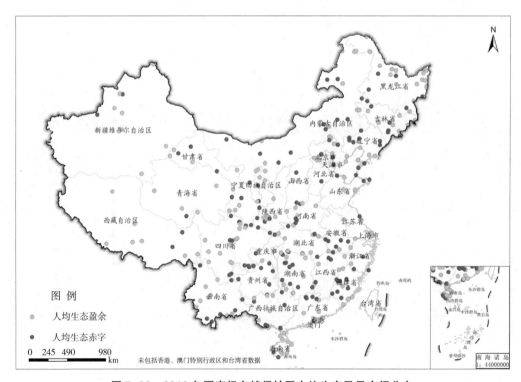

图 5-20 2010 年国家级自然保护区人均生态盈亏空间分布

5.2　2000—2010 年国家级自然保护区人均生态足迹变化

5.2.1　2000—2010 年国家级自然保护区人均生态足迹变化

（1）人均生态足迹变化总体分析

2000—2010 年，国家级自然保护区人均生态足迹需求呈上升趋势，从 2000 年的 1.91 hm^2 增加至 2010 年的 3.56 hm^2，增加了 86.39%，国家级自然保护区内人类生产活动对自然资源的消耗强度不断增加，对保护区内保护对象的扰动日益加剧。

在生态足迹构成中，随着经济的发展和时间的推移，国家级自然保护区各类型用地的人均生态足迹需求均有不同程度的增加，农田人均生态足迹从 0.53 hm^2 升至 0.89 hm^2，林地人均生态足迹从 0.04 hm^2 升至 0.08 hm^2，草地人均生态足迹从 0.46 hm^2 升至 0.66 hm^2，水域人均生态足迹从 0.23 hm^2 升至 0.26 hm^2，开发建设用地人均生态足迹从 0.65 hm^2 升至 1.67 hm^2（表 5-9）。

表 5-9　2000—2010 年国家级自然保护区人均生态足迹变化统计

人均生态足迹类型	人均足迹					
	2000年		2010年		增加	
	面积/hm^2	占比/%	面积/hm^2	占比/%	面积/hm^2	占比/%
农田	0.53	27.75	0.89	25.00	0.36	67.92
林地	0.04	2.09	0.08	2.25	0.04	100.00
草地	0.46	24.09	0.66	18.54	0.2	43.48
水域	0.23	12.04	0.26	7.30	0.03	13.04
开发建设用地	0.65	34.03	1.67	46.91	1.02	156.92
人均生态足迹	1.91	100.00	3.56	100.00	1.65	86.39

注：数据不含港、澳、台地区。

从生态足迹的增长量来看，2000—2010 年，国家级自然保护区内开发建设用地人均生态足迹增长最多（1.02 hm^2），之后依次为农田人均生态足迹（0.36 hm^2）、草地人均生态足迹（0.2 hm^2）、林地人均生态足迹（0.04 hm^2）和水域人均生态足迹（0.03 hm^2）。从生态足迹的增长率来看，开发建设用地、林地、农田、草地和水域的人均生态足迹需求分别增加了 156.92%、100.00%、67.92%、43.48%、13.04%，开发建设用地和林地的人均生态足迹需求增长率最多，均超过了一倍，其次是保护区农田和草地的人均生态足迹需求，均增加了 40% 以上。

无论是 2000 年还是 2010 年，各地类人均生态足迹结构由高至低均为：开发建设用地、农田、草地、水域和林地。虽然结构组成顺序没有发生变化，但是在总结构中的比例都发生了变化。其中，农田比例由 2000 年的 27.95% 下降至 2010 年的 25.08%，草地比例由 24.09% 下降至 18.51%，水域比例由 11.8% 下降至 7.2%，林地比例由 2.18% 上升至 2.32%，开发建设用地比例由 33.98% 上升至 46.89%。

由国家级自然保护区人均生态足迹的变化分析可知，2000—2010 年，我国国家级自然保护区各项人均生态足迹需求均处于增加的趋势，尤其是对开发建设用地足迹的需求在快速增长，国家级自然保护区面临的生态环境压力和风险也相应增加（图 5-21）。

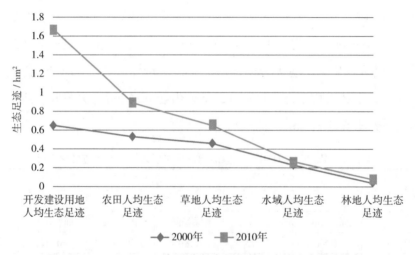

图 5-21 2000—2010 年国家级自然保护区人均生态足迹变化

2000—2010 年，全国有 280 个国家级自然保护区的人均生态足迹需求增加，占国家级自然保护区总数的 87.77%，仅有 39 个国家级自然保护区的人均生态足迹需求减少，占国家级自然保护区总数的 12.23%。农田、林地、草地、水域、开发建设用地人均生态足迹增加的国家级自然保护区个数均占到保护区总数的 70% 以上（表 5-10）。

表 5-10 2000—2010 年国家级自然保护区人均生态足迹数量变化

人均生态足迹类型	增加		减少	
	数量/个	占比/%	数量/个	占比/%
农田	231	72.41	88	27.59
林地	236	73.98	83	26.02
草地	243	76.18	76	23.82
水域	232	72.73	87	27.27
开发建设用地	283	88.71	36	11.29
人均生态足迹	280	87.77	39	12.23

（2）人均生态足迹空间变化

2000—2010 年，全国有 25 个省（区、市）的国家级自然保护区平均人均生态足迹增加，占 80.65%；6 个省（市）的国家级自然保护区平均人均生态足迹减少，占 19.35%。内蒙古、四川、陕西、黑龙江、山东、河南省（区）的国家级自然保护区人均生态足迹增加明显，增长率均在 100% 以上。广东、山西和贵州等省的国家级自然保护区人均生态足迹略有减少，上海、北京和天津 3 个直辖市国家级自然保护区人均生态足迹减少较明显（表 5-11、图 5-22、图 5-23）。

表 5-11　2000—2010 年国家部分省、自治区、直辖市国家级自然保护区人均生态足迹变化统计

省份	人均生态总足迹		增加	
	2000年	2010年	面积/hm²	占比/%
内蒙古	2.71	8.12	5.41	199.41
四川	1.53	4.55	3.02	197.05
陕西	1.07	2.90	1.83	170.1
黑龙江	1.45	3.79	2.34	161.48
山东	2.27	5.46	3.19	140.39
河南	1.55	3.15	1.60	103.04
江苏	1.81	3.62	1.81	99.85
宁夏	3.10	6.03	2.93	94.63
甘肃	1.23	2.28	1.05	85.18
新疆	2.76	5.05	2.29	83.1
海南	1.86	3.39	1.53	81.63
河北	2.13	3.83	1.70	79.83
吉林	2.30	4.08	1.78	77.39
辽宁	3.10	5.28	2.18	70.22
湖南	1.44	2.41	0.97	67.31
云南	1.74	2.89	1.15	66.71
广西	2.46	3.42	0.96	39.02
湖北	1.79	2.40	0.61	34.05

续表

省份	人均生态总足迹		增加	
	2000年	2010年	面积/hm²	占比/%
福建	2.17	2.65	0.48	22.38
浙江	1.99	2.34	0.35	17.71
西藏	1.38	1.60	0.22	15.54
安徽	1.40	2.21	0.81	0.58
重庆	1.22	1.83	0.61	0.49
青海	1.48	2.20	0.72	0.48
江西	1.39	2.03	0.64	0.46
广东	1.83	1.72	−0.11	−0.06
山西	2.59	1.70	−0.89	−0.34
贵州	1.28	1.24	−0.04	−2.93
天津	3.12	2.74	−0.38	−12.23
北京	2.05	1.48	−0.57	−27.88
上海	2.63	1.65	−0.98	−37.35

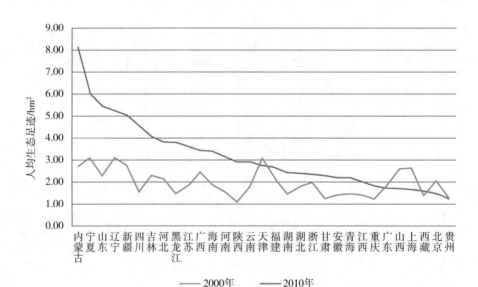

图 5-22　2000—2010 年国家部分省、自治区、直辖市国家级自然保护区人均生态足迹变化

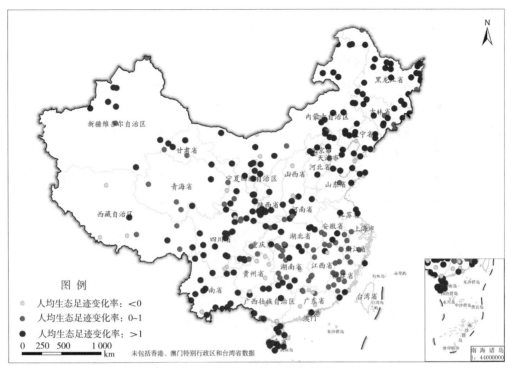

图 5-23　2000—2010 年国家级自然保护区人均生态足迹变化率分布

2000—2010 年，四川省和黑龙江省的国家级自然保护区农田人均生态足迹增加非常明显，10 年分别增加了 263.46% 和 135.62%（表 5-12、图 5-24）；四川、江苏、甘肃和新疆等省（区）的国家级自然保护区林地人均生态足迹增加十分明显（表 5-12、图 5-25）；河南、江西、山东、湖南和安徽 5 省的国家级自然保护区草地人均生态足迹增加明显（表 5-12、图 5-26）；海南、辽宁、湖南和重庆等省（市）的国家级自然保护区开发建设用地人均生态足迹增加较明显（表 5-12、图 5-27）；海南、广西、重庆和山西等省（区、市）的国家级自然保护区水域人均生态足迹增加明显（表 5-12、图 5-28）。

表 5-12　2000—2010 年国家部分省、自治区、直辖市国家级自然保护区
不同类型人均生态足迹变化统计　　　　　　　　　　　　单位：hm²

省份	农田		林地		草地		水域		开发建设用地	
	2000年	2010年	2000年	2010年	2000年	2010年	2000年	2010年	2000年	2010年
安徽	0.44	0.52	0.01	0.14	0.25	0.29	0.21	0.27	0.49	0.99
北京	0.26	0.09	0.01	0.01	0.26	0.16	0.04	0.02	1.48	1.19
福建	0.31	0.24	0.08	0.41	0.26	0.31	1.10	0.46	0.41	1.24

省份	农田		林地		草地		水域		开发建设用地	
	2000年	2010年	2000年	2010年	2000年	2010年	2000年	2010年	2000年	2010年
甘肃	0.30	0.53	0.02	0.03	0.23	0.37	0.00	0.01	0.69	1.34
广东	0.38	0.51	0.04	0.04	0.22	0.21	0.55	0.50	0.65	0.46
广西	0.90	1.35	0.05	0.29	0.38	0.72	0.84	0.41	0.29	0.65
贵州	0.37	0.39	0.01	0.02	0.24	0.37	0.01	0.02	0.64	0.44
海南	0.56	0.57	0.06	0.11	0.29	0.42	0.75	1.27	0.20	1.01
河北	0.48	0.79	0.06	0.05	0.56	0.61	0.07	0.18	0.96	2.20
河南	0.59	0.87	0.01	0.05	0.46	0.56	0.02	0.13	0.46	1.55
黑龙江	0.73	1.72	0.09	0.12	0.22	0.60	0.05	0.08	0.36	1.28
湖北	0.55	0.59	0.02	0.03	0.36	0.61	0.27	0.43	0.59	0.74
湖南	0.52	0.62	0.02	0.17	0.45	0.61	0.14	0.13	0.31	0.89
吉林	0.79	1.49	0.01	0.01	0.58	0.57	0.04	0.04	0.89	1.97
江苏	0.50	0.66	0.01	0.02	0.29	0.23	0.30	0.97	0.71	1.74
江西	0.51	0.57	0.09	0.08	0.28	0.43	0.25	0.39	0.25	0.57
辽宁	0.35	0.60	0.12	0.06	0.40	0.80	0.56	0.70	1.67	3.12
内蒙古	0.67	1.28	0.08	0.00	0.73	1.61	0.02	0.03	1.22	5.20
宁夏	0.49	0.88	0.01	0.03	1.58	0.84	0.05	0.16	0.97	4.12
青海	0.20	0.16	0.00	0.00	0.68	1.66	0.00	0.00	0.59	0.39
山东	0.64	0.68	0.03	0.10	0.46	0.55	0.54	1.78	0.59	2.36
山西	0.29	0.32	0.03	0.02	0.16	0.20	0.01	0.01	2.10	1.16
陕西	0.34	0.42	0.04	0.07	0.21	0.51	0.01	0.03	0.47	1.86
上海	0.16	0.08	0.00	0.01	0.16	0.07	0.12	0.09	2.18	1.40
四川	0.52	1.89	0.01	0.03	0.67	0.59	0.02	0.22	0.31	1.81
天津	0.54	0.67	0.03	0.01	0.61	1.04	0.21	0.39	1.73	0.63
西藏	0.32	0.14	0.03	0.05	1.02	1.41	0.00	0.00	0.00	0.00
新疆	0.77	1.62	0.04	0.13	0.85	0.86	0.02	0.04	1.06	2.40
云南	0.77	0.96	0.02	0.04	0.56	0.70	0.04	0.09	0.35	1.10
浙江	0.35	0.25	0.02	0.04	0.18	0.31	0.72	0.13	0.71	1.61
重庆	0.37	0.43	0.01	0.03	0.34	0.36	0.04	0.05	0.46	0.96

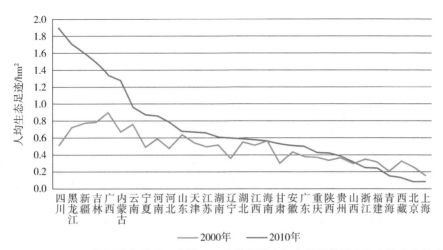

图 5-24　2000—2010 年国家部分省、自治区、直辖市国家级自然保护区农田人均生态足迹变化

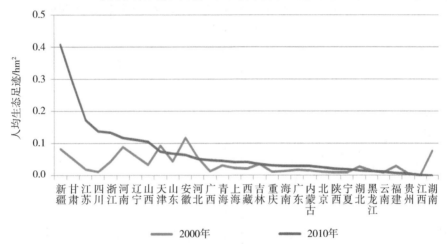

图 5-25　2000—2010 年国家部分省、自治区、直辖市国家级自然保护区林地人均生态足迹变化

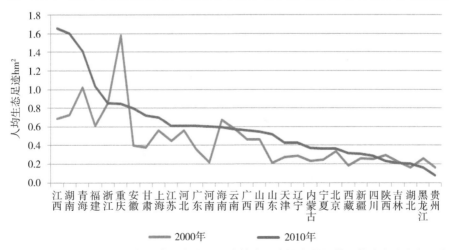

图 5-26　2000—2010 年国家部分省、自治区、直辖市国家级自然保护区草地人均生态足迹变化

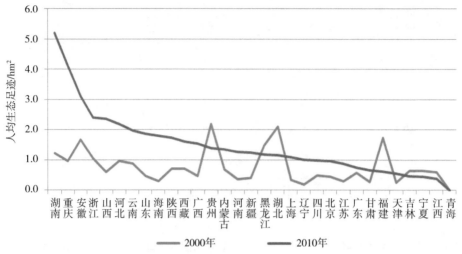

图 5-27　2000—2010 年国家部分省、自治区、直辖市国家级自然保护区
开发建设用地人均生态足迹变化

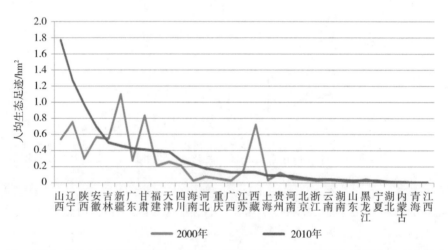

图 5-28　2000—2010 年国家部分省、自治区、直辖市国家级自然保护区水域人均生态足迹变化

5.2.2　2000—2010 年国家级自然保护区人均生态承载力变化

（1）人均生态承载力变化总体分析

对比 2000—2010 年国家级自然保护区人均生态足迹可以发现，国家级自然保护区人均生态承载力从 2000 年的 3 692.97 hm² 增加至 2010 年的 3 758.93 hm²，增加了1.79%，人均生态承载力的增加与土地生产力水平和国家级自然保护区土地利用格局的变化有关。

在生态承载力构成中，两种主要的自然生态系统类型——林地和草地的人均生态承载力的变化趋势均为减少，分别减少了 0.32% 和 0.7%，农田人均承载力减少了 2.34%。水域和建设用地的人均承载力增加趋势明显，分别增加了 8.28% 和 25.24%，建设用地的人均承载力增加最为明显。与人均生态足迹相比，国家级自然保护区人均生态承载力变化较小，见表 5-13 和图 5-29。

表 5-13　2000—2010 年国家级自然保护区人均生态承载力变化统计

人均承载力类型	2000年		2010年		变化	
	面积/hm²	占比/%	面积/hm²	占比/%	面积/hm²	占比/%
农田	441.280 0	11.95	430.960 0	11.46	−10.32	−2.34
林地	1 047.690 0	28.37	1 044.320 0	27.78	−3.37	−0.32
草地	1 416.700 0	38.36	1 406.749 0	37.42	−9.95	−0.70
水域	643.371 8	17.42	696.658 7	18.53	53.29	8.28
建设用地	143.920 0	3.90	180.245 2	4.80	36.33	25.24
人均生态承载力	3 692.970 0	100.00	3 758.930 0	100.00	65.97	1.79

注：数据不含港、澳、台地区。

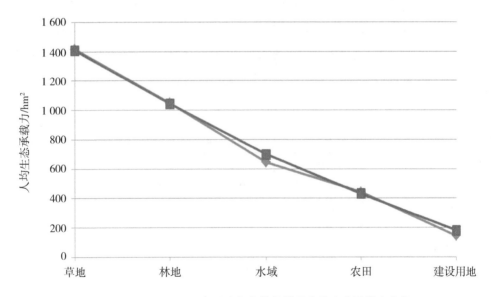

图 5-29　2000—2010 年国家级自然保护区人均生态承载力变化

2000—2010 年，全国有 137 个国家级自然保护区的人均生态承载力增加，占国家级自然保护区总数的 42.95%；31 个国家级自然保护区的人均生态承载力不变，占 9.72%；151 个国家级自然保护区的人均生态承载力减少，占 47.34%。30.09% 的国家级自然保护区的林地人均生态承载力降低、28.84% 的国家级自然保护区的草地人均生态承载力降低、31.66%的国家级自然保护区的水域人均生态承载力降低；22.88%的国家级自然保护区的农田人均生态承载力升高、55.49%的国家级自然保护区的建设用地人均生态承载力增加，见表5-14。

表5-14　2000—2010年国家级自然保护区不同类型人均生态承载力数量变化统计

人均承载力类型	增加		不变		减少	
	数量/个	占比/%	数量/个	占比%	数量/个	占比/%
农田	73	22.88	66	20.69	180	56.43
林地	159	49.84	64	20.06	96	30.09
草地	98	30.72	129	40.44	92	28.84
水域	95	29.78	123	38.56	101	31.66
建设用地	177	55.49	132	41.38	10	3.13
人均	137	42.95	31	9.72	151	47.34

（2）人均生态承载力空间变化

2000—2010年，全国共有21个省（市、区）的国家级自然保护区人均生态承载力增加，占70.97%，10个省（市、区）的国家级自然保护区人均生态承载力减少，占29.03%。上海市、江苏省的国家级自然保护区人均生态承载力增加较明显。9个减少的省份中，河南省、陕西省的国家级自然保护区人均生态承载力略有减少；甘肃省、贵州省的国家级自然保护区人均承载力减少较为明显，均在15%以上，见表5-15、图5-30、图5-31。

表5-15　2000—2010年国家部分省、自治区、直辖市国家级自然保护区人均生态承载力变化统计

省份	人均生态承载力/hm²		变化	
	2000年	2010年	面积/hm²	占比/%
新疆	43 804.15	45 257.70	1 453.55	3.32
青海	42 352.25	43 590.01	1 237.76	2.92
四川	7 024.03	7 028.49	4.46	0.06
宁夏	5 251.14	6 026.01	774.87	14.76
上海	3 544.46	4 749.78	1 205.32	34.01
黑龙江	4 394.83	4 398.07	3.24	0.07
河北	3 385.48	3 415.39	29.91	0.88
内蒙古	2 695.85	2 754.70	58.85	2.18
甘肃	3 265.82	2 725.78	−540.04	−16.54
西藏	1 986.59	1 986.88	0.29	0.01
陕西	1 715.61	1 705.76	−9.85	−0.57

续表

省份	人均生态承载力/hm²		变化	
	2000年	2010年	面积/hm²	占比/%
海南	1 703.40	1 618.40	−85.00	−4.99
福建	1 041.38	1 221.77	180.39	17.32
云南	917.63	922.46	4.83	0.53
河南	695.82	692.12	−3.70	−0.53
广西	684.05	652.66	−31.39	−4.59
北京	470.01	478.90	8.89	1.89
湖北	410.04	410.06	0.02	0.01
江西	385.67	385.66	−0.01	0.00
山东	377.89	378.60	0.71	0.19
广东	346.69	359.03	12.34	3.56
吉林	257.62	254.77	−2.85	−1.11
安徽	235.86	239.72	3.86	1.64
湖南	171.70	172.12	0.42	0.24
浙江	64.05	61.75	−2.30	−3.59
辽宁	8.83	9.00	0.17	1.93
山西	5.71	5.84	0.13	2.28
江苏	3.23	5.59	2.36	73.07
重庆	2.17	2.03	−0.14	−6.45
天津	2.02	2.03	0.01	0.50
贵州	2.47	1.89	−0.58	−23.48

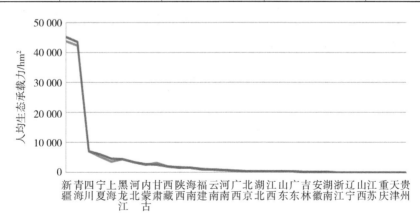

图 5-30　2000—2010 年国家部分省、自治区、直辖市国家级自然保护区人均生态承载力变化

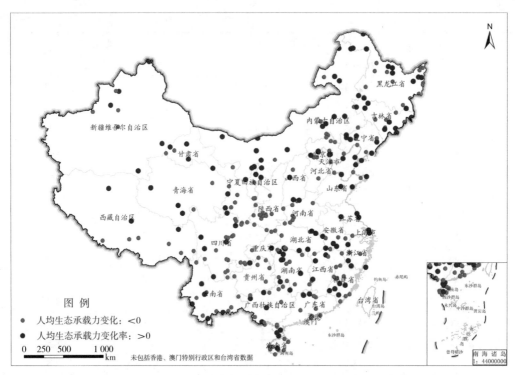

图 5-31　2000—2010 年国家级自然保护区人均生态承载力变化率分布

　　2000—2010 年，上海、新疆等的国家级自然保护区农田人均生态承载力增加较明显（表 5-16、图 5-32）；四川省的国家级自然保护区林地人均生态承载力减少较明显（表 5-16、图 5-33）；新疆地区的国家级自然保护区草地人均生态承载力减少较明显（表 5-16、图 5-34）；宁夏、福建等省份的国家级自然保护区开发建设用地人均生态承载力增加明显（表 5-16、图 5-35）；海南、新疆等省（区）的国家级自然保护区水域人均生态承载力增加明显（表 5-16、图 5-36）。

表 5-16　2000—2010 年国家部分省、自治区、直辖市国家级自然保护区
不同类型人均生态承载力变化统计

单位：hm²

省份	农田		林地		草地		水域		开发建设用地	
	2000年	2010年	2000年	2010年	2000年	2010年	2000年	2010年	2000年	2010年
安徽	2.49	6.41	230.04	230.13	1.89	1.85	1.42	1.29	0.02	0.04
北京	42.34	42.34	414.76	414.89	4.02	3.81	0.00	0.00	8.89	17.86
福建	293.06	219.38	23.02	18.70	1.35	0.30	45.82	44.10	678.13	939.29
甘肃	2 880.07	2 299.07	134.34	134.87	47.94	48.34	59.06	59.73	144.42	183.77

省份	农田		林地		草地		水域		开发建设用地	
	2000年	2010年	2000年	2010年	2000年	2010年	2000年	2010年	2000年	2010年
广东	199.10	184.50	20.94	20.60	0.62	0.62	118.10	118.07	7.94	35.24
广西	268.28	235.16	369.60	370.45	3.77	3.87	10.00	10.37	32.41	32.81
贵州	1.05	0.46	1.37	1.38	0.01	0.01	0.00	0.00	0.03	0.03
海南	202.69	113.58	1 470.30	1 473.92	0.67	0.67	29.53	29.55	0.20	0.69
河北	2 377.47	2 402.89	760.60	760.62	39.84	40.62	44.17	46.27	163.40	164.99
河南	348.48	347.30	343.43	343.54	0.11	0.10	0.39	0.46	3.42	0.72
黑龙江	525.65	527.78	2 753.08	2 749.19	39.96	42.50	1 007.87	1 005.95	68.27	72.64
湖北	348.98	345.92	1.70	1.70	0.00	0.00	9.32	9.32	50.04	53.13
湖南	99.16	97.06	36.88	36.86	0.72	0.71	1.82	1.86	33.12	35.63
吉林	236.57	232.45	5.40	5.41	0.03	0.03	0.87	1.00	14.76	15.88
江苏	2.76	5.33	0.00	0.00	0.00	0.00	0.38	0.08	0.09	0.19
江西	2.70	2.69	382.15	382.14	0.05	0.05	0.32	0.32	0.46	0.47
辽宁	5.75	5.73	1.57	1.57	0.00	0.00	0.35	0.40	1.17	1.31
内蒙古	86.29	111.71	2 196.77	2 192.50	146.76	148.63	189.31	186.74	76.72	115.12
宁夏	291.80	313.18	1 202.00	1 215.88	583.36	577.87	5.46	5.93	3 168.52	3 913.14
青海	4.32	3.90	16.53	16.53	24 218.94	24 217.67	17 135.40	18 374.80	977.07	977.10
山东	295.98	277.17	5.92	5.92	0.84	0.85	0.54	0.50	74.62	94.16
山西	3.14	3.15	2.17	2.41	0.26	0.15	0.00	0.00	0.13	0.13
陕西	109.57	99.32	1 582.13	1 582.44	22.21	22.28	0.02	0.03	1.68	1.68
上海	2 998.66	3 664.95	0.00	0.00	0.00	0.00	545.80	1 084.83	0.00	0.00
四川	513.90	547.49	4 868.27	4 802.13	1 531.71	1 539.50	67.13	67.16	43.02	72.21
天津	1.39	1.36	0.31	0.32	0.00	0.00	0.01	0.01	0.31	0.34
西藏	362.24	362.08	1 400.58	1 400.73	203.56	203.51	15.09	15.42	5.13	5.14
新疆	557.76	1 115.78	1 858.21	1 918.74	31 601.32	31 221.54	9 490.04	10 578.98	296.82	422.66
云南	109.98	113.63	803.48	803.29	0.62	0.60	0.14	0.14	3.41	4.80
浙江	20.60	13.58	6.14	6.26	0.01	0.01	0.01	0.01	37.30	41.90
重庆	1.66	1.48	0.47	0.48	0.02	0.02	0.00	0.00	0.02	0.05

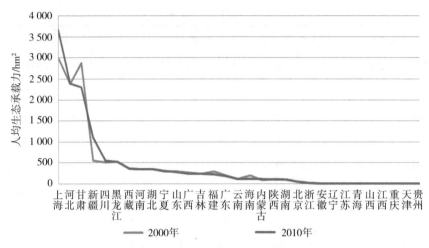

图 5-32　2000—2010 年国家部分省、自治区、直辖市国家级自然保护区农田人均生态承载力变化

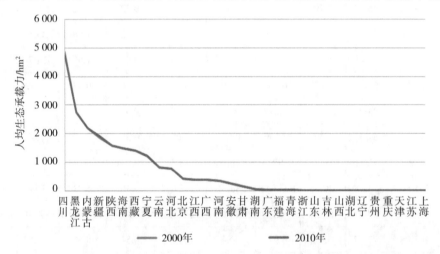

图 5-33　2000—2010 年国家部分省、自治区、直辖市国家级自然保护区林地人均生态承载力变化

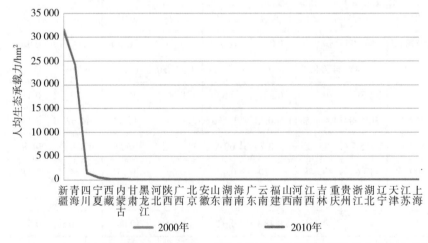

图 5-34　2000—2010 年国家部分省、自治区、直辖市国家级自然保护区草地人均生态承载力变化

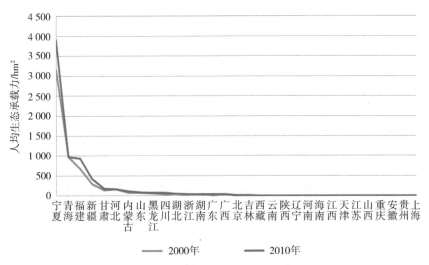

图 5-35　2000—2010 年国家部分省、自治区、直辖市国家级自然保护区
开发建设用地人均生态承载力变化

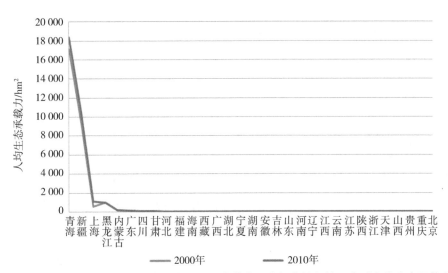

图 5-36　2000—2010 年国家部分省、自治区、直辖市国家级自然保护区水域人均生态承载力变化

5.2.3　2000—2010 年国家级自然保护区人均生态盈余变化

2000—2010 年，国家级自然保护区的人均生态足迹从 1.91 hm² 上升至 3.56 hm²，人均生态承载力从 3 692.97 hm² 上升至 3 758.93 hm²。10 年间，国家级自然保护区的人均生态足迹和人均生态承载力均有所上升，无论是 2000 年还是 2010 年，人均生态承载力的容量远远大于人均生态足迹需求量，总体处于绝对盈余水平。

2000—2010 年，国家级自然保护区的人均生态足迹代表消费水平和需求的上升，年均增长速度达到 8.59%。人均生态承载力的增加主要来源于土地生产力水平的提高和土地利用格局的变化，年均增长速度达到 0.18%，人均生态承载力增长速度远远落后于人均生态足迹的上升速度。

2000 年，国家级自然保护区中处于生态赤字的保护区有 106 个，处于生态盈余的有 213 个，是生态赤字保护区数量的 1 倍。到了 2010 年，处于生态赤字的保护区为 142 个，处于生态盈余的保护区为 177 个（表 5-17、图 5-37）。

表 5-17　2000—2010 年国家级自然保护区人均生态盈亏变化统计

生态情况	2000年		2010年		变化	
	数量/个	占比/%	数量/个	占比/%	数量/个	占比/%
生态盈余	213	66.77	177	55.49	−36	−16.90
生态赤字	106	33.23	142	44.51	36	33.96

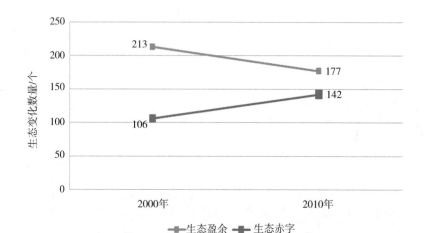

图 5-37　2000—2010 年国家级自然保护区人均生态盈亏变化统计

2000—2010 年，176 个保护区保持生态盈余不变，占 55.17%；105 个保护区保持生态赤字不变，占 32.92%；1 个保护区由生态赤字转向生态盈余，占 0.31%；37 个保护区由生态盈余退化为生态赤字，占 11.60%（表 5-18、图 5-38）。

表 5-18　2000—2010 年国家级自然保护区人均生态盈亏转化统计表

人均生态盈余转化	数量/个	占比/%
生态盈余→生态盈余	176	55.17
生态赤字→生态赤字	105	32.92
生态盈余→生态赤字	37	11.60
生态赤字→生态盈余	1	0.31

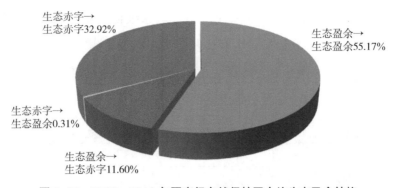

生态赤字→
生态赤字32.92%

生态盈余→
生态盈余55.17%

生态赤字→
生态盈余0.31%

生态盈余→
生态赤字11.60%

图 5-38　2000—2010 年国家级自然保护区人均生态盈余转换

5.3　国家级自然保护区可持续发展红黄绿灯状态分析

本研究采用"红绿灯"方法（Defra，2010）来分析国家级自然保护区可持续发展状况。在"红绿灯"体系中，评价的关键在于制定评判标准并获得一定时期内的动态监测数据。基于指标值与评判标准之间的定量比较，判断指标状态在一定时期内发生的变化。具体包括 3 种可能的变化情形：①绿灯，表示状况改善，指标呈正向发展，且指标值处于可接受的范围，不会对保护对象产生不利影响；②黄灯，表示总体上没有或几乎没有变化，同时指标值处于可接受的范围；③红灯，表示状况恶化，指标呈负向发展，或指标值超出了可接受的范围，并可能对保护区的保护对象产生不利的影响。"红绿灯"法由于其评价方法简便、结果表述直观，在应用中具有很大的优势。

本研究采用的评价指标分别为 319 个国家级自然保护区的生态盈亏值。根据国家级自然保护区 2000—2010 年生态盈亏值变化，将国家级自然保护区可持续发展状态分为 3 个等级：红灯、绿灯和黄灯。其中，可持续绿灯状态包括生态赤字改善为生态盈余和生态盈余增加，可持续红灯状态包括生态盈余退化为生态赤字和生态赤字增加，可持续黄灯状态包括生态盈余减少和生态赤字减少。

2000—2010 年，全国有 51 个国家级自然保护区处于可持续发展绿灯状态，占国家级自然保护区总数的 15.99%，表现为生态盈余增加或者由生态赤字转化为生态盈余，10 年来人类活动对保护区的影响未超出其生态承载能力的范围，保护区内的生态空间能满足区内人类的生产、生活消费需要，可维持整个系统的平衡发展（表 5-19）。

2000—2010 年，全国有 144 个国家级自然保护区处于可持续发展黄灯状态，占国家级自然保护区总数的45.14%。其中有126个国家级自然保护区表现为生态盈余减少，但自然再生能力仍然在该保护区承载力范围内，总体上没有超过该自然保护区的生态承载范围；有18个国家级自然保护区10年来均处于生态赤字水平，但赤字呈现下降趋势（表5-19）。

表5-19　2000—2010年国家级自然保护区可持续发展状态统计

可持续发展状态	人均生态盈亏变化	2000年	2010年	数量/个	总数量/个	占比%
绿灯	生态赤字改善为生态盈余	生态赤字	生态盈余	1	51	15.99
	生态盈余增加	生态盈余	生态盈余	50		
黄灯	生态盈余减少	生态盈余	生态盈余	126	144	45.14
	生态赤字减少	生态赤字	生态赤字	18		
红灯	生态盈余退化为生态赤字	生态盈余	生态赤字	37	124	38.87
	生态赤字增加	生态赤字	生态赤字	87		

2000—2010年，全国有124个国家级自然保护区处于可持续发展红灯状态，占国家级自然保护区总数的38.87%。其中有37个国家级自然保护区表现为生态盈余退化为生态赤字，生态足迹和生态承载力之间的矛盾日益加剧，保护区的发展处于一个不可持续的状态，给保护对象带来的压力越来越大；有87个国家级自然保护区表现为生态赤字加剧，10年来保护区不可持续程度不断加剧，发展模式越来越不可持续（表5-19）。

（1）处于可持续发展绿灯状态的国家级自然保护区

2000—2010年，全国有51个国家级自然保护区处于可持续发展绿灯状态，主要分布在：①新疆、西藏、内蒙古、宁夏和四川等西部地区；②广东、上海等沿海地区。原因主要是这些保护区人口少，10年来人均消费需求变化在保护区生态可承受范围内，处于可持续发展绿灯状态。51个国家级自然保护区中，44个国家级自然保护区人口密度在5人/km²以下，占86%（表5-20、图5-39、图5-40）。

另外7个国家级自然保护区中的天津八仙山、山西庞泉沟、湖北五峰后河和湖南南岳衡山保护区，10年来人均生态足迹下降、人均承载力略有增加，生态盈余增加；江苏大丰麋鹿保护区虽然人均生态足迹增长，但其速度远远低于人均生态承载力的增长速度，生态盈余增加；西藏雅鲁藏布江中游河谷黑颈鹤、广西雅长兰科植物保护区的人均生态足迹下降速度高于人均承载力的下降速度，10年来总体盈余有所增加（表5-20）。

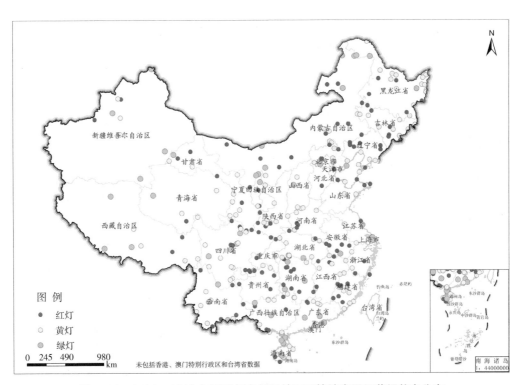

图 5-39　2000—2010 年国家级自然保护区可持续发展红黄绿状态分布

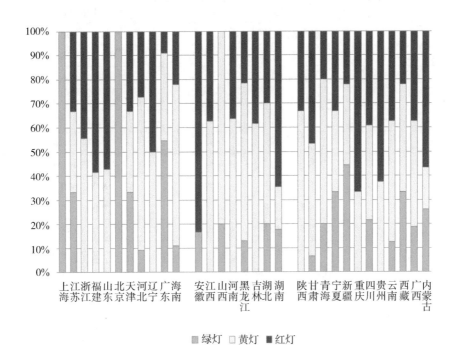

图 5-40　2000—2010 年部分省、自治区、直辖市国家级自然保护区可持续发展红黄绿状态数量占比

表 5-20 可持续发展绿灯状态的国家级自然保护区人口密度统计　　　单位：人 /km²

省份	保护区名称	人口密度
天津	八仙山	90.181 124 880
江苏	大丰麋鹿	32.920 884 890
西藏	雅鲁藏布江中游河谷黑颈鹤	13.522 910 390
湖南	南岳衡山	12.508 338 890
广西	雅长兰科植物	12.075 061 190
山西	庞泉沟	9.927 383 910
湖北	五峰后河	8.394 584 139
北京	百花山	3.927 700 869
西藏	珠穆朗玛峰	2.683 762 201
广西	大明山	2.459 691 656
广东	象头山	1.720 108 442
内蒙古	西鄂尔多斯	1.474 652 825
宁夏	灵武白芨滩	1.378 886 469
广东	鼎湖山	1.059 135 040
内蒙古	乌拉特梭梭林—蒙古野驴	0.502 941 176
云南	无量山	0.374 943 435
湖南	黄桑	0.158 856 235
广东	惠东港口海龟	0.125 000 000
四川	攀枝花苏铁	0.071 428 571
湖北	石首麋鹿	0.063 816 209
西藏	羌塘	0.025 456 376
北京	北京松山	0.021 459 227
安徽	古牛绛	0.014 896 470
海南	五指山	0.007 442 691
湖南	张家界大鲵	0.007 000 350
广东	徐闻珊瑚礁	0.006 954 587
广东	湛江红树林	0.005 181 347
黑龙江	宝清七星河	0.005 000 000
内蒙古	红花尔基樟子松林	0.004 978 840
上海	崇明东滩鸟类	0.004 139 930
河北	昌黎黄金海岸	0.003 333 333
四川	龙溪—虹口	0.003 225 806
新疆	西天山	0.003 203 383

续表

省份	保护区名称	人口密度
广西	合浦营盘港—英罗港儒艮	0.002 857 143
四川	蜂桶寨	0.002 561 541
上海	九段沙湿地	0.002 379 819
云南	金平分水岭	0.002 379 423
广东	雷州珍稀海洋生物	0.002 133 789
四川	雪宝顶	0.001 571 956
内蒙古	内蒙古贺兰山	0.001 476 865
内蒙古	大兴安岭汗马	0.000 931 550
内蒙古	额尔古纳	0.000 803 039
黑龙江	呼中	0.000 598 040
宁夏	宁夏贺兰山	0.000 484 811
新疆	喀纳斯	0.000 454 211
黑龙江	南瓮河	0.000 435 686
四川	海子山	0.000 217 789
甘肃	敦煌西湖	0.000 151 515
新疆	罗布泊野骆驼	$5.128\ 21\times10^{-5}$
青海	可可西里	$2.222\ 22\times10^{-5}$
新疆	阿尔金山	$2.222\ 22\times10^{-5}$

（2）处于可持续发展红灯状态的国家级自然保护区

安徽省 83.33%、重庆市 66.67%、湖南省 64.71%、贵州省 62.5%、福建省 58.33%、山东省 57.14%、内蒙古自治区 56.52%、辽宁省 50% 的国家级自然保护区处于可持续发展红灯状态（表 5-21），原因包括以下 3 个方面：

1）保护区人口增长

处于可持续发展红灯状态的 124 个国家级自然保护区中，有 88 个保护区存在不同程度的人口增长，占 71%。其中，内蒙古哈腾套海、云南黄连山、贵州习水中亚热带常绿阔叶林、贵州梵净山、甘肃安西极旱荒漠、四川画稿溪、云南白马雪山、陕西米仓山、浙江南麂列岛、陕西天华山、四川长宁竹海、陕西汉中朱鹮、四川若尔盖湿地、甘肃祁连山、山东荣成大天鹅、江苏盐城湿地珍禽、内蒙古大青山、贵州威宁草海、江西鄱阳湖候鸟等国家级自然保护区 10 年来人口增加明显。人口增加必然带来保护区资源需求的增加，发展模式日趋不可持续。

表 5-21 2000—2010 年国家部分省、自治区、直辖市国家级自然保护区
可持续发展红黄绿灯状态统计

地区	省份	保护区总数量/个	绿灯		黄灯		红灯	
			数量/个	占比/%	数量/个	占比/%	数量/个	占比/%
东部	上海	2	2	100.00	0	0.00	0	0.00
	江苏	3	1	33.33	1	33.33	1	33.33
	浙江	9	0	0.00	5	55.56	4	44.44
	福建	12	0	0.00	5	41.67	7	58.33
	山东	7	0	0.00	3	42.86	4	57.14
	北京	2	2	100.00	0	0.00	0	0.00
	天津	3	1	33.33	1	33.33	1	33.33
	河北	11	1	9.09	7	63.64	3	27.27
	辽宁	12	0	0.00	6	50.00	6	50.00
	广东	11	6	54.55	4	36.36	1	9.09
	海南	9	1	11.11	6	66.67	2	22.22
	合计	81	14	17.28	38	46.91	29	35.80
中部	安徽	6	1	16.67	0	0.00	5	83.33
	江西	8	0	0.00	5	62.50	3	37.50
	山西	5	1	20.00	4	80.00	0	0.00
	河南	11	0	0.00	7	63.64	4	36.36
	黑龙江	23	3	13.04	15	65.22	5	21.74
	吉林	13	0	0.00	8	61.54	5	38.46
	湖北	10	2	20.00	5	50.00	3	30.00
	湖南	17	3	17.65	3	17.65	11	64.71
	合计	93	10	10.75	47	50.54	36	38.71
西部	陕西	12	0	0.00	8	66.67	4	33.33
	甘肃	15	1	6.67	7	46.67	7	46.67
	青海	5	1	20.00	3	60.00	1	20.00
	宁夏	6	2	33.33	2	33.33	2	33.33
	新疆	9	4	44.44	3	33.33	2	22.22
	重庆	3	0	0.00	1	33.33	2	66.67
	四川	23	5	21.74	9	39.13	9	39.13
	贵州	8	0	0.00	3	37.50	5	62.50
	云南	16	2	12.50	8	50.00	6	37.50
	西藏	9	3	33.33	4	44.44	2	22.22
	广西	16	3	18.75	7	43.75	6	37.50
	内蒙古	23	6	26.09	4	17.39	13	56.52
	合计	145	27	18.62	59	40.69	59	40.69

2）保护区人均生态承载力下降明显

处于可持续发展红灯状态的 124 个国家级自然保护区中，有 62 个保护区的人均生态承载力下降，占 50%。其中，宁夏罗山、贵州雷公山、陕西天华山、湖南莽山、安徽扬子鳄、湖南阳明山、重庆大巴山、贵州梵净山保护区的人均生态承载力分别下降了 73.77%、72.49%、64.34%、40.40%、36.39%、32.54%、26.15%、20.93%。国家级自然保护区土地利用格局的变化能引起人均生态承载力的变化，当人均生态承载容量逐渐下降到一定程度且低于人均生态足迹时，保护区朝不可持续方向发展。

3）保护区人均生态足迹增加明显

处于可持续发展红灯状态的 124 个国家级自然保护区中，有 121 个保护区的人均生态足迹增加，占 97.6%。其中，安徽铜陵淡水豚、西藏雅鲁藏布江大峡谷、四川卧龙、云南西双版纳、山东荣成大天鹅保护区的人均生态足迹增加迅速，2000—2010 年均增加了 3 倍以上。人均生态足迹的增加反映了保护区内居民生活水平的提高，要满足其快速增长的生态足迹需求，必然要占用自然保护区的自然资源，当开发利用水平超出了其生态承载力的阈值时，保护区将不可持续发展。

（3）处于可持续发展黄灯状态的国家级自然保护区

处于可持续发展黄灯状态的国家级自然保护区，如果继续恶化，有可能退化为可持续发展红灯状态；如果加大保护力度、减少人类干扰，则有可能改善到可持续发展绿灯状态。

综合我国国家级自然保护区 2000—2010 年的可持续发展状况，建议建立重点关注保护区排行榜。

处于可持续发展红灯状态的保护区，生态盈亏指标呈负向发展，超出了可承认的范围，对自然保护区的保护对象可能产生不利影响，建议列入优先关注的级别。今后应该严格控制这些保护区的人口增长和开发建设力度。一方面，实行保护区居民逐步搬迁，将保护区尤其是核心区和缓冲区的人口逐步从保护区中搬迁，加大对保护区实验区的生态补偿力度，降低对保护区自然资源的依赖程度。另一方面，利用卫星监测范围大、时效性强、分辨率高、获取快捷等特点，构建卫星遥感巡查、地面跟踪详查、执法管理核查的国家级自然保护区开发建设天地一体化长效监测机制，每年持续开展国家级自然保护区开发建设监测，及时发现国家级自然保护区内的新增开发建设活动，做到第一时间发现、第一时间制止、第一时间处理，形成强大威慑力，不让开发建设活动侵占保护区内的各类自然资源，逐步提高保护区的生态承载力。

5.4　小结

（1）2010 年，319 个国家级自然保护区的人均生态足迹为 3.56 hm²，从国家级自然保护区生态足迹的组分来看，林地和水域对生态足迹的贡献相对较小，开发建设用地和农田对国家级自然保护区人均生态足迹的贡献较大，国家级自然保护区内居民对农田和开发建设用地的需求很大，生态环境压力大。国家级自然保护区人均生态足迹在空间分布上具有明显的差异性，黑龙江、吉林、辽宁、内蒙古、宁夏、山东、新疆和四川等省（区）的国家级自然保护区人均生态足迹值相对较高，重庆、上海、北京等直辖市和西藏、山西、贵州等西部省（区）的人均生态足迹值相对较低。

2010 年，319 个国家级自然保护区的人均生态承载力为 3 758.93 hm²，主要来源于草地、林地和水域这 3 类自然生态系统，占比总和达到 83.73%。国家级自然保护区的人均生态承载力总体呈现西部高于中、东部的空间分布规律。

与非保护区域相比，国家级自然保护区人口对资源的利用和需求总体在生态系统的生态承载力范围内，处于生态盈余状态。但国家级自然保护区人均生态盈亏差异明显，2010 年，55.49% 的国家级自然保护区处于生态盈余状态，44.51% 处于生态赤字状态。西藏、新疆、宁夏等西北地区和黑龙江省、海南省的国家级自然保护区生态系统承载力总量大，总体上处于人均生态盈余状态；北京市和上海市的国家级自然保护区全部处于盈余状态；贵州、安徽、天津、重庆、辽宁和内蒙古等省（区、市）的国家级自然保护区以生态赤字为主。

（2）2000—2010 年，国家级自然保护区人均生态足迹需求呈上升趋势，从 2000 年的 1.91 hm² 增加至 2010 年的 3.56 hm²，增加了 86.39%。全国 87.77% 的国家级自然保护区人均生态足迹需求增加；仅有 12.23% 的保护区人均生态足迹需求减少。2000—2010 年，国家级自然保护区各项人均生态足迹需求均处于增加趋势，尤其是对开发建设用地足迹的需求在快速增长，国家级自然保护区面临的生态环境压力和风险也相应增加。

2000—2010 年，国家级自然保护区的人均生态承载力略有增加，从 2000 年的 3 692.97hm² 增加至 2010 年的 3 758.93 hm²，增加了 1.79%。与人均生态足迹相比，国家级自然保护区的人均生态承载力变化较小。全国有 42.95% 的国家级自然保护区的人均生态承载力有所增加，9.72% 不变，47.34% 减少。两种主要的自然生态系统类型——林地和草地的人均生态承载力减少，建设用地的人均生态承载力增加最为明显。

无论是 2000 年还是 2010 年，国家级自然保护区人均生态承载力的容量远远大于人均生态足迹的需求量，总体处于绝对盈余水平，但 2000—2010 年，人均生态承载力增长速度远远落后于人均生态足迹的上升速度。55.17% 的保护区保持生态盈余不变，32.92% 的保护区保持生态赤字不变，0.31% 的保护区由生态赤字转向生态盈余，11.60% 的保护区由生态盈余退化为生态赤字。

（3）采用"红绿灯"方法分析了国家级自然保护区的可持续发展状况。2000—2010 年，全国有 51 个国家级自然保护区处于可持续发展绿灯状态，占国家级自然保护区总数的 15.99%，表现为生态盈余增加或者由生态赤字转化为生态盈余。2000—2010 年人类活动对保护区内保护对象的影响未超出其生态承载能力的范围，保护区内的生态空间能满足区内生产、生活消费需要，可维持整个系统的平衡发展。

全国有 144 个保护区处于可持续发展黄灯状态，占国家级自然保护区总数的 45.14%。其中有 126 个国家级自然保护区表现为生态盈余减少，但自然再生能力仍然在该保护区承载力范围内；有 18 个保护区 2000—2010 年一直处于生态赤字水平，但赤字呈现下降趋势。

全国有 124 个保护区处于可持续发展红灯状态，占国家级自然保护区总数的 38.87%。其中有 37 个保护区表现为生态盈余退化为生态赤字，生态足迹和生态承载力之间的矛盾日益加剧，保护区的发展处于一个不可持续的状态，给保护对象带来的压力越来越大；有 87 个保护区表现为生态赤字加剧，2000—2010 年保护区不可持续程度加剧，发展模式越来越不可持续。

综合我国国家级自然保护区 2000—2010 年的可持续发展状况，建议建立重点关注保护区排行榜，将处于可持续发展红灯状态的保护区列入优先关注的级别。今后应该严格控制这些保护区的人口增长和开发建设力度，一方面，实行保护区居民逐步搬迁；另一方面，建立国家级自然保护区开发建设天地一体化长效监测机制，每年持续开展国家级自然保护区开发建设监测，形成强大的威慑力，不让开发建设活动侵占保护区内的各类自然资源，逐步提高其生态承载力。

第6章　结论与展望

6.1　主要结论

本研究在传统生态足迹（EF-GAEZ 模型）评价方法的基础上，提出基于净初级生产力的 EF-NPP 改进模型，并利用该模型对我国国家级自然保护区的生态足迹和生态承载力进行了计算分析，全面摸清了我国国家级自然保护区的人类活动强度是否超出生态承载力，同时系统地掌握了 2000—2010 年我国国家级自然保护区的生态盈余和生态赤字变化趋势，在此基础上评估了我国自然保护区的可持续发展程度，以期为自然保护区的管理决策提供科学依据，为推进生态文明建设提供指导，主要结论如下：

（1）EF-GAEZ 模型与 EF-NPP 模型均衡因子和产量因子的比较

EF-GAEZ 模型中，国家级自然保护区农田、林地、草地、水域的均衡因子分别为 2.8、1.1、0.5、0.2，总体呈现农田＞林地＞草地＞水域的规律。EF-NPP 模型计算的 2000 年国家级自然保护区的农田、林地、草地、水域平均均衡因子分别为 1.4、1.08、0.77、0.66，2010 年国家级自然保护区的农田、林地、草地、水域平均均衡因子分别为 1.19、1.16、0.85、0.73，均呈现农田＞林地＞草地＞水域的规律，与 EF-GAEZ 模型规律一致。

相较于 EF-GAEZ 模型，EF-NPP 模型对产量因子进行了调整，增大了国家级自然保护区林地、草地和水域的产量因子，降低了农田的产量因子，因此 EF-NPP 模型得到的人均生态承载力大于 EF-GAEZ 模型，这也使得 EF-NPP 模型中生态赤字出现的年份晚于 EF-GAEZ 模型，EF-NPP 模型得到的结果比 EF-GAEZ 模型更为乐观，部分地解决了 EF-GAEZ 模型结果较为悲观的质疑。因此，EF-NPP 模型在生态足迹时间序列变化趋势的研究方面比 EF-GAEZ 模型更为合理。

（2）EF-GAEZ 模型和 EF-NPP 模型的相关性和一致性分析

分别基于 EF-GAEZ 模型与 EF-NPP 模型计算出 319 个国家级自然保护区 2000 年

和 2010 年的人均生态足迹和人均生态承载力，利用相关分析法，以传统 EF-GAEZ 模型得到的人均生态足迹和人均生态承载力作为解释变量，以 EF-NPP 模型得到的人均生态足迹和人均生态承载力作为被解释变量，进行相关性分析和线性回归拟合，分析表明：EF-GAEZ$_{2010 人均足迹}$ 和 EF-NPP$_{2010 人均足迹}$ 的 Pearson 相关系数为 0.811，决定系数 R^2 达到 0.658；EF-GAEZ$_{2000 人均足迹}$ 和 EF-NPP$_{2000 人均足迹}$ 的 Pearson 相关系数为 0.804，决定系数 R^2 达到 0.646；EF-GAEZ$_{2010 人均承载力}$ 和 EF-NPP$_{2010 人均承载力}$ 的 Pearson 相关系数为 0.842，决定系数 R^2 达到 0.709；EF-GAEZ$_{2000 人均承载力}$ 和 EF-NPP$_{2000 人均承载力}$ 的 Pearson 相关系数为 0.848，决定系数 R^2 达到 0.719 6。两种模型计算得到的国家级自然保护区 2000 年和 2010 年人均生态足迹和人均生态承载力的相关系数均在 0.8 以上，且显著性值均为 0，小于 0.01，结果显著相关。

将 EF-GAEZ 模型和 EF-NPP 模型计算的人均生态足迹和人均生态承载力分别进行高、中、低 3 个级别的分级，并统计位于同一级别的相同自然保护区的数量，从而验证 EF-NPP 模型与 EF-GAEZ 模型的一致性。结果表明：根据 EF-NPP 模型和 EF-GAEZ 模型计算的 2010 年人均生态足迹在 3 个分级范围内，相同的国家级自然保护区总数有 217 个，一致性达到 68%（占国家级自然保护区总数的比率）；基于 EF-NPP 模型和 EF-GAEZ 模型计算的 2000 年人均生态足迹的一致性达到 72%。基于 EF-NPP 模型和 EF-GAEZ 模型计算的 2010 年人均生态承载力的一致性达到 75%；根据 EF-NPP 模型和 EF-GAEZ 模型计算的 2000 年人均生态承载力，在 3 个分级范围内，相同的国家级自然保护区总数有 236 个，一致性达到 74%。两种模型计算的人均生态足迹和人均生态承载力具有较高的一致性，这也说明两种模型分析得到的国家级自然保护区人均生态足迹和人均生态承载力空间规律一致，EF-NPP 模型的计算结果可信。

（3）2010 年国家级自然保护区人均生态足迹、人均生态承载力和生态盈亏分析

2010 年，319 个国家级自然保护区的人均生态足迹为 3.56 hm^2，开发建设用地的人均生态足迹需求占比接近 50%，国家级自然保护区内的居民对农田和开发建设用地的需求很大，生态环境压力大。黑龙江、吉林、辽宁、内蒙古、宁夏、山东、新疆和四川等省（区）的国家级自然保护区人均生态足迹值相对较高，重庆、上海、北京等直辖市和西藏、山西、贵州等西部省（区）的人均生态足迹值相对较低。这与相关学者对全国人均生态足迹和人均生态承载力空间分布规律的研究一致。

2010 年，319 个国家级自然保护区的人均生态承载力为 3 758.93 hm^2，83.73% 来

源于草地、林地和水域这3类自然生态系统。国家级自然保护区的人均生态承载力总体呈现西部高于中、东部的空间分布规律，该结论和WWF发布的《中国生态足迹报告2012》的结论一致。

与非保护区域相比，2010年国家级自然保护区人口对资源的利用和需求总体上在生态系统的生态承载力范围内，处于生态盈余状态，但人均生态盈亏差异明显，55.49%的国家级自然保护区处于生态盈余状态，44.51%处于生态赤字状态。西藏、新疆、宁夏等西北地区和黑龙江省、海南省的国家级自然保护区生态系统承载力总量大而人口少，总体上处于人均生态盈余状态；北京市和上海市的国家级自然保护区全部处于盈余状态；贵州、安徽、天津、重庆、辽宁和内蒙古等省（区、市）的国家级自然保护区以生态赤字为主。

（4）2000—2010年国家级自然保护区人均生态足迹和人均生态承载力变化分析

2000—2010年，国家级自然保护区的人均生态足迹需求呈上升趋势，从2000年的1.91 hm^{2}增加至2010年的3.56 hm^2，增加了86.39%。各项人均生态足迹需求均处于增加趋势，尤其是对开发建设用地足迹的需求在快速增长。全国有87.77%的国家级自然保护区的人均生态足迹需求增加，内蒙古、四川、陕西、黑龙江、山东、河南省（区）增加明显；仅有12.23%的保护区人均生态足迹需求减少，上海、北京和天津3个直辖市减少较明显。

2000—2010年，国家级自然保护区的人均生态承载力略有增加，从2000年的3 692.97 hm^{2}增加至2010年的3 758.93 hm^2，增加了1.79%。与人均生态足迹相比，国家级自然保护区的人均生态承载力变化较小。42.95%的国家级自然保护区的人均生态承载力增加，9.72%不变，47.34%减少，其中上海市、江苏省增加较明显，甘肃省、贵州省减少较为明显。两种主要的自然生态系统类型——林地和草地的人均生态承载力均减少，建设用地的人均生态承载力增加最为明显。

无论是2000年还是2010年，国家级自然保护区人均生态承载力的容量远远大于人均生态足迹的需求量，总体处于绝对盈余水平，但10年来，人均生态承载力增长速度远远落后于人均生态足迹的上升速度。55.17%的保护区保持生态盈余不变，32.92%的保护区保持生态赤字不变，0.31%的保护区由生态赤字转向生态盈余，11.60%的保护区由生态盈余退化为生态赤字。

（5）国家级自然保护区可持续发展红黄绿灯状态分析

采用"红绿灯"方法分析了国家级自然保护区的可持续发展状况，分析表明：2000—2010 年，全国有 51 个国家级自然保护区处于可持续发展绿灯状态，占国家级自然保护区总数的 15.99%，表现为生态盈余增加或者生态赤字转化为生态盈余，10 年来人类活动对保护区内保护对象的影响未超出其生态承载能力的范围，保护区内的生态空间能满足区内生产、生活消费需要，可维持整个系统的平衡发展。主要分布在：①新疆、西藏、内蒙古、宁夏和四川等西部地区；②广东、上海等沿海地区。原因主要是这些保护区人口少，10 年来人均消费需求变化在保护区生态可承受范围内，处于可持续发展绿灯状态。

全国有 144 个保护区处于可持续发展黄灯状态，占国家级自然保护区总数的 45.14%。其中有 126 个国家级自然保护区表现为生态盈余减少，但自然再生能力仍然在该保护区承载力范围内；有 18 个保护区 10 年来一直处于生态赤字水平，但赤字呈现下降趋势。

全国有 124 个保护区处于可持续发展红灯状态，占国家级自然保护区总数的 38.87%。其中有 37 个保护区表现为生态盈余退化为生态赤字，生态足迹和生态承载力之间的矛盾日益加剧，保护区的发展处于一个不可持续的状态，给保护对象带来的压力越来越大；有 87 个保护区表现为生态赤字加剧，10 年来保护区不可持续程度不断加剧，且发展模式越来越不可持续。

综合我国国家级自然保护区 2000—2010 年的可持续发展状况，建议建立重点关注保护区排行榜。处于可持续发展红灯状态的保护区，生态盈亏指标呈负向发展，超出了可承受的范围，对自然保护区内的保护对象可能产生不利影响，建议列入优先关注的级别。今后应该严格控制这些保护区的人口增长和开发建设力度，并建立国家级自然保护区开发建设天地一体化长效监测机制。

6.2　不足与展望

本研究改进了传统的生态足迹模型，开创性地利用改进的 EF-NPP 模型对我国国家级自然保护区的生态足迹和生态承载力进行了计算分析，系统评估了我国国家级自然保护区的可持续发展程度。但在整个研究过程中，由于诸多因素影响，还存在着许多不足之处，有待进一步完善。

（1）由于无法直接获取国家级自然保护区的各项统计数据，且生活在国家级自然保护区内的居民和该保护区所在县域的居民人均消费水平基本一致，本研究将国家级自然保护区所在县的人均生态足迹值作为保护区的人均生态足迹值，而人均生态承载力是基于国家级自然保护区土地利用数据，计算得到总承载力，再除以自然保护区的人口数。因此部分人口稀少的国家级自然保护区的人均承载力非常大，也在整体上大大提高了国家级自然保护区的平均人均生态承载力，导致国家级自然保护区平均人均生态承载力比平均人均生态足迹大很多。今后应该进一步加强国家级自然保护区的各项统计数据的收集、调研和整理，使国家级自然保护区人均生态足迹和人均生态承载力的计算更科学。

（2）本研究中的土地利用数据来源于"全国生态环境十年变化（2000—2010年）遥感调查与评估"项目，该项目将湿地也划为水域，直接导致黑龙江、新疆、青海等省（区）的水域人均生态承载力偏大。同时由于湿地生态系统植被类型丰富，具有很高的NPP，因此计算均衡因子和产量因子时水域的值都明显偏大。今后应该在有条件的情况下，将湿地从水域类型中分离，使水域生态承载力的计算结果更为科学合理。

（3）EF-NPP改进模型弥补了传统生态足迹评价方法的某些缺陷，能反映不同国家级自然保护区可持续发展的真实情况，但目前NPP的计算方法及模型尚不完善和规范，NPP获取精度欠佳。如何利用遥感技术的快速性、实时性和时空分辨率较高的特点，提高NPP的反演精度，是今后需要进一步研究的内容。

（4）由于时间限制，本研究粗略分析了国家级自然保护区的生态足迹现状及其变化情况，并未对其成因进行深入分析，也没有进一步提出相关的对策建议，有待今后进行深入分析，以期为管理决策提供科学支撑。

参考文献

［1］安宝晟，程国栋.西藏生态足迹与承载力动态分析［J］.生态学报，2014，34（4）：1002-1009.

［2］白艳莹，王效科，欧阳志云，等.苏锡常地区生态足迹分析［J］.资源科学，2003，25（6）：31-37.

［3］白钰，曾辉，魏建兵，等.基于环境污染账户核算的生态足迹模型优化：以珠江三角洲城市群为例［J］.应用生态学报，2008，19（8）：1789-1796.

［4］白钰，曾辉，魏建兵.关于生态足迹分析若干理论与方法论问题的思考［J］.北京大学学报（自然科学版），2008，44（3）：394-401.

［5］白钰.基于生态足迹的天津市土地利用总体规划生态效用评价［J］.经济地理，2012，32（10）：127-132.

［6］北京市统计局.北京统计年鉴［Z］.北京：中国统计出版社，2001.

［7］卞羽，洪摇伟，陈摇燕，等.福建水资源生态足迹分析［J］.福建林学院学报，2010，30（1）：1-5.

［8］卜新民.广东统计年鉴［Z］.北京：中国统计出版社，2001.

［9］蔡海生，肖复明，张学玲.基于生态足迹变化的鄱阳湖自然保护区生态补偿定量分析［J］.长江流域资源与环境，2010，19（6）：623-627.

［10］蔡永生等.重庆统计年鉴［Z］.北京：中国统计出版社，2001.

［11］曹巍，黄麟，肖桐，等.人类活动对中国国家级自然保护区生态系统的影响［J］.生态学报，2019，39（4）：1338-1350.

［12］陈邦勋，袁惠民，等.中国农业年鉴［Z］.北京：中国农业出版社，2011.

［13］陈成忠，林振山，梁仁君.基于生态足迹方法的中国生态可持续性分析［J］.自然资源学报，2008，23（2）：230-236.

［14］陈成忠，林振山.生态足迹模型的争论与发展［J］.生态学报，2008，28（12）：6252-6263.

［15］陈东景，程国栋，徐中民.中国西部12个省1999年生态足迹［J］.地理学报，2001，23（2）：164-169.

［16］陈东景，徐中民.生态足迹理论在我国干旱区的应用与探讨——以新疆为例［J］.干旱区地理，2001，24（4）：305-309.

［17］陈栋为，陈晓宏，孔兰.基于生态足迹法的区域水资源生态承载力计算与评价——以

珠海市为例［J］.生态环境学报，2009，18（6）：2224-2229.

［18］陈敏，张丽君，王如松，等.1978—2003年中国生态足迹动态分析［J］.资源科学，2005，27（6）：132-139.

［19］陈杨东，等.云南统计年鉴［Z］.北京：中国统计出版社，2011.

［20］陈运兴，等.海南统计年鉴［Z］.北京：中国统计出版社，2001.

［21］程春，等.吉林统计年鉴［Z］.北京：中国统计出版社，2011.

［22］崔维军，周飞雪，徐常萍.中国重化工业生态足迹估算方法研究［J］.中国人口·资源与环境，2010，20（8）：137-141.

［23］达顿，等.西藏统计年鉴［Z］.北京：中国统计出版社，2001.

［24］戴科伟，钱谊，张益民，等.基于生态足迹的自然保护区生态承载力评估——以鹞落坪国家级自然保护区为例［J］.华中师范大学学报（自然科学版），2007，40（3）：462-466.

［25］戴乐平，等.湖南统计年鉴［Z］.北京：中国统计出版社，2011.

［26］戴南.基于决策树的分类方法研究［D］.南京：南京师范大学，2003.

［27］邓踪，杨顺.四川省2001年生态足迹分析［J］.四川环境，2003，22（6）：45-47.

［28］董丹，倪健.利用CASA模型模拟西南喀斯特植被净第一性生产力［J］.生态学报，2001，31（7）：1855-1866.

［29］董泽琴，孙铁珩.生态足迹研究——辽宁省生态足迹计算与分析［J］.生态学报，2005，24（12）：2735-2739.

［30］杜斌，张坤民，温宗国，等.城市生态足迹计算方法的设计与案例［J］.清华大学学报（自然科学版），2004，44（9）：1171-1175.

［31］杜加强，舒俭民，张林波.基于净初级生产力的生态足迹模型及其与传统模型的对比分析［J］.生态环境学报，2010，19（1）：191-196.

［32］杜加强，王金生，滕彦国，等.生态足迹研究现状及基于净初级生产力的计算方法初探［J］.中国人口·资源与环境，2008，18（4）：178-183.

［33］杜西平，董顺荣，等.天津统计年鉴［Z］.北京：中国统计出版社，2011.

［34］段华平，张悦，赵建波，等.中国农田生态系统的碳足迹分析［J］.水土保持学报，2011，（5）：205-210.

［35］樊怀玉，鲜力群，等.甘肃发展年鉴［Z］.北京：中国统计出版社，2011.

［36］樊正球，陈鹭真，李振基.人为干扰对生物多样性的影响［J］.中国生态农业学报，2001，9（2）：31-34.

［37］范泽孟，张轩，李婧，等.国家级自然保护区土地覆盖类型转换趋势［J］.地理学报，2012，67（12）：1623-1633.

［38］范晓秋.水资源生态足迹研究与应用［D］.南京：河海大学，2005.

［39］方恺，董德明，林卓，等.基于全球净初级生产力的能源足迹计算方法［J］.生态学报，2012，32（9）：2900-2909.

［40］冯娟，赵全升，谢文霞，等."省公顷"在小城镇生态足迹分析中的应用研究——以山东省晏城镇生态建设为例［J］.地理科学，2008，28（2）：209-213.

［41］冯亚新.Excel软件在水文线性相关分析中的应用［J］.甘肃水利水电技术，2010，4：14-15，36.

［42］冯益明，姚爱冬，姜丽娜.CASA模型的改进及在干旱区生态系统NPP估算中的应用［J］.干旱区资源与环境，2014，28（8）：39-43.

［43］符国基.海南省1988—2004年生态足迹动态分析［J］.地域研究与开发，2006，25（6）：58-63.

［44］符国瑄，张枝林，等.海南统计年鉴［Z］.北京：中国统计出版社，2011.

［45］高吉喜，徐梦佳，邹长新.中国自然保护地70年发展历程与成效［J］.中国环境管理，2019，（4）：25-29.

［46］盖东海.河北省水资源可持续利用研究［D］.保定：河北农业大学，2012.

［47］顾晓薇，王青，刘建兴，等.基于"国家公顷"计算城市生态足迹的新方法［J］.东北大学学报（自然科学版），2005，26（4）：397-400.

［48］广东省统计局，国家统计局广东调查总队.广东统计年鉴［Z］.北京：中国统计出版社，2011.

［49］郭文书，杨连云，杨景祥，等.河北经济年鉴［Z］.北京：中国统计出版社，2001.

［50］郭秀锐，杨居荣，等.城市生态足迹计算与分析——以广州为例［J］.地理研究，2003，22（5）：654-662.

［51］国家统计局工业交通统计司.中国能源统计年鉴2000—2002［Z］.北京：中国统计出版社，2004.

［52］国家统计局能源统计司.中国能源统计年鉴2011［Z］.北京：中国统计出版社，2011.

［53］韩启祥，等.天津统计年鉴［Z］.北京：中国统计出版社，2001.

［54］郝凡，等.山西统计年鉴［Z］.北京：中国统计出版社，2001.

［55］郝嘉伍，等.贵州统计年鉴［Z］.北京：中国统计出版社，2001.

［56］洪滔，吴承祯，范海兰，等.福建省近10年生态足迹与生态承载力研究［J］.安全与环境学报，2007，7（1）：97-100.

［57］胡进刚.一种面向对象的高分辨影像道路提取方法［J］.遥感技术与应用，2006，21（3）：184-188.

［58］胡连松，等.安徽统计年鉴［Z］.北京：中国统计出版社，2001.

［59］胡敏谦，等.内蒙古统计年鉴［Z］.北京：中国统计出版社，2011.

［60］华东.气候变化背景下三江源区径流变化及其驱动力分析［D］.北京：中国科学院地理科学与资源研究所，2011.

［61］黄国芹.四川统计年鉴［Z］.北京：中国统计出版社，2001.

［62］黄慧萍，吴炳方，李苗苗，等.高分辨率影像城市绿地快速提取技术与应用［J］.遥感学报，2004，22（1）：68-74.

［63］黄青，任志远，王晓峰.黄土高原地区生态足迹研究［J］.国土与自然资源研究，2003（2）：57-58.

［64］汲荣荣.民族地区自然保护区生态补偿标准研究——以雷公山国家自然保护区为例［D］.北京：中央民族大学生命与环境科学学院，2012.

［65］贾红邦，梅廷彦，等.宁夏统计年鉴［Z］.北京：中国统计出版社，2011.

［66］贾红邦，等.宁夏统计年鉴［Z］.北京：中国统计出版社，2001.

［67］姜倩倩，迟美玲，周燕，等.大学校园的生态足迹探究［J］.环境科学与管理，2007，（8）：138-146.

［68］蒋依依，王仰麟，张源.滇西北生态脆弱区生态足迹动态变化与预测研究——以云南省丽江纳西族自治县为例［J］.生态学杂志，2005，24（12）：1418-1424.

［69］金建新，等.新疆统计年鉴［Z］.北京：中国统计出版社，2011.

［70］荆治国，周杰，齐丽彬，等.基于特征参量调整法的中国省域生态足迹研究［J］.资源科学，2007，29（5）：9-15.

［71］康玲，沈宏，等.青海统计年鉴［Z］.北京：中国统计出版社，2011.

［72］赖国毅，陈超.SPSS17.0中文版常用功能与应用实例精讲［M］.北京：电子工业出版社，2010：208-210.

［73］赖力，黄贤金，刘伟良，等.基于投入产出技术的区域生态足迹调整分析［J］.生态学报，2006，26（4）：1285-1292.

［74］李斌，等.内蒙古统计年鉴［Z］.北京：中国统计出版社，2001.

［75］李定邦，金艳.基于生态足迹模型的家庭资源消费可持续性研究［J］.华东理工大学学报（社会科学版），2005，2：39-44.

［76］李凤，邱道持，李小广，等.重庆市城市居民住房消费生态足迹分类研究［J］.西南大学学报（自然科学版），2013，35（2）：109-115.

［77］李凤，邱道持，李小广，等.长江流域中心城市住房消费生态足迹比较研究：以重庆、武汉、南京、上海为例［J］.西南大学学报（自然科学版），2013，35（6）：149-155.

［78］李凤，邱继勤，邱道持.城市住房消费生态足迹测试探讨［J］.西南大学学报（自然科学版），2012，6：121-127.

［79］李贵才.基于MODIS数据和光能利用率模型的中国陆地净初级生产力估算研究

［D］.北京：中国科学院研究生院，2004.

［80］李贵基，等.河南统计年鉴［Z］.北京：中国统计出版社，2001.

［81］李杰，胡贵江，高进，等.武汉市客运交通生态足迹的计算与分析［J］.武汉工程大
学学报，2013，35（3）：1-7.

［82］李金平，王志石.澳门2001年生态足迹分析［J］.自然资源学报，2003，18（2）：
197-203.

［83］李理，苏维词，刘灿.贵州省近年来生态足迹动态分析［J］.水土保持研究，2014，
21（4）：251-255.

［84］李立娜，刘运伟，吴建勇.基于生态足迹模型的土地利用生态承载力评价——以西昌
市为例［J］.西昌学院学报（自然科学版），2014，28（3）：1-3.

［85］李明月.生态足迹分析模型假设条件的缺陷浅析［J］.中国人口资源与环境，2005，
15（2）：129-131.

［86］李娜，马延吉.辽宁省生态承载力空间分异及其影响因素分析［J］.干旱区资源与环
境，2013，27（3）：8-13.

［87］李团中，夏泽宽，等.湖北统计年鉴［Z］.北京：中国统计出版社，2011.

［88］李潇.湖北省2008年生态足迹与生态承载力分析［J］.铁道勘测与设计：234-238.

［89］李新尧，孙小舟.基于生态足迹模型的湖北省可持续发展定量研究［J］.河南科学，
2014，32（9）：1884-1889.

［90］李志范，等.黑龙江统计年鉴［Z］.北京：中国统计出版社，2001.

［91］李智，鞠美庭，刘伟，等.中国1996—2005年能源生态足迹与效率动态测度与分析
［J］.资源科学，2007，6：54-60.

［92］廖新华，等.广西统计年鉴［Z］.北京：中国统计出版社，2001.

［93］林文芳，等.福建统计年鉴［Z］.北京：中国统计出版社，2001.

［94］蔺海明，颉鹏.甘肃省河西绿洲农业区生态足迹动态研究［J］.应用生态学报，
2004，15（5）：827-832.

［95］刘东，封志明，杨艳昭.基于生态足迹的中国生态承载力供需平衡分析［J］.自然资
源学报，2012，27（4）：614-624.

［96］刘国宁，等.新疆统计年鉴［Z］.北京：中国统计出版社，2001.

［97］刘化吉.基于生态足迹方法的县域生态环境评价研究［D］.武汉：湖北大学资源环
境学院，2012.

［98］刘建兴.中国生态足迹的时间序列与地理分布［D］.沈阳：东北大学，2004.

［99］刘丽佳.吉林省旅游生态足迹研究［D］.沈阳：东北师范大学，2010.

［100］刘淼，胡远满，李月辉，等.生态足迹方法及研究进展［J］.生态学杂志，2006，
25（3）：334-339.

［101］刘某承，李文华，谢高地.基于净初级生产力的中国生态足迹产量因子测算［J］.生态学杂志，2010，29（3）：592-597.

［102］刘某承，李文华.基于净初级生产力的中国各地生态足迹均衡因子测算［J］.生态与农村环境学报，2010，26（5）：401-406.

［103］刘某承，李文华.基于净初级生产力的中国生态足迹均衡因子测算［J］.自然资源学报，2009，24（9）：1550-1559.

［104］刘树胜，等.黑龙江统计年鉴［Z］.北京：中国统计出版社，2011.

［105］刘兴慧，等.山东统计年鉴［Z］.北京：中国统计出版社，2011.

［106］刘艳红，赵惠勋.干扰与物种多样性维持理论研究进展［J］.北京林业大学学报，2000，22（4）：101-105.

［107］刘永奇，刘世德，等.河南统计年鉴［Z］.北京：中国统计出版社，2011.

［108］刘宇辉，彭希哲.中国历年生态足迹计算与发展可持续性评估［J］.生态学报，2004，24（10）：2257-2262.

［109］刘志荣，等.湖南统计年鉴［Z］.北京：中国统计出版社，2001.

［110］龙爱华，张志强，苏志勇.生态足迹评介及国际研究前沿［J］.地球科学进展，2004，19（6）：971-981.

［111］卢建明，等.山西统计年鉴［Z］.北京：中国统计出版社，2011.

［112］罗璐琴，周敬宣，等.生态足迹动态预测模型构建与分析——以武汉市为例［J］.长江流域资源与环境，2008，17（3）：440-444.

［113］鲁丰先，陈卫东，韩延峰，等.不同层次学校生态足迹比较研究［J］.廊坊师范学院学报（自然科学版），2009，01：72-76.

［114］马高，任志远，韩红珠.基于净初级生产力的陕西省生态足迹测算［J］.陕西师范大学学报（自然科学版），2014，42（5）：84-89.

［115］孟庆华.基于生态足迹的京津冀人口容量研究［J］.林业资源管理，2014，8（4）：8-13.

［116］倪胜如，等.安徽统计年鉴［Z］.北京：中国统计出版社，2011.

［117］偶星.基于CASA模型的平朔矿区复垦土地NPP研究［D］.北京：中国地质大学，2009.

［118］潘建新，等.上海统计年鉴［Z］.北京：中国统计出版社，2001.

［119］庞有智，谢贤健，周丽，等.四川省1997—2011年能源生态足迹及其效率的动态变化评价［J］.内江师范学院学报，2014，9（8）：72-76.

［120］裴志远，等.辽宁统计年鉴［Z］.北京：中国统计出版社，2001.

［121］彭道宾，等.江西统计年鉴［Z］.北京：中国统计出版社，2001.

［122］彭建，吴建生，蒋依依，等.生态足迹分析应用于区域可持续发展生态评估的缺陷

［J］.生态学报，2006，26（8）：2716-2722.

［123］彭勇平，等.江西统计年鉴［Z］.北京：中国统计出版社，2011.

［124］秦奇.基于生态足迹模型的山西省生态可持续性研究［D］.太原：山西大学环境与资源学院，2013.

［125］秦瑞，周瑞伍，彭明春，等.CASA 模型在金沙江流域（云南部分）NPP 研究中的应用［J］.山地学报，2014，32（6）：698-705.

［126］邱大雄.能源规划与系统分析［M］.北京：清华大学出版社，1995.

［127］邱祖强，等.广西统计年鉴［Z］.北京：中国统计出版社，2011.

［128］环境保护部，中国科学院.全国生态环境十年变化（2000—2010 年）遥感调查与评估［M］.北京：科学出版社，2014.

［129］任自然，彭位华，李青芜，等.基于生态足迹模型的安徽省生态承载力动态评价［J］.宿州学院学报，2013，28（11）：18-21.

［130］尚海洋，马忠，焦文献，等.甘肃省城镇不同收入水平群体家庭生态足迹计算［J］.自然资源学报，2006，3：408-416.

［131］沈镇昭，梁书升，等.中国农业年鉴［Z］.北京：中国农业出版社，2001.

［132］沈佐锐.生态健康企业的法规意识和道德规范及生态足迹研讨［C］.2011 年学术年会论文摘要集，北京：中国生态学会，2011：137.

［133］史萌等.云南统计年鉴［Z］.北京：中国统计出版社，2001.

［134］四川省统计局，国家统计局四川调查总队.四川统计年鉴［Z］.北京：中国统计出版社，2011.

［135］宋戈，韩天宇，王越.基于生态足迹的齐齐哈尔市土地承载力研究［J］.东北农业大学学报，2014，45（8）：34-40.

［136］苏银增，杨景祥，孙继民，等.河北经济年鉴［Z］.北京：中国统计出版社，2011.

［137］覃楠钧，姚焕玫，顾富敏.广西环大明山自然保护区区域生态承载力评价［J］.广西大学学报（自然科学版），2013，（2）：493-498.

［138］谭伟文，文礼章，仝宝生，等.生态足迹理论综述与应用展望［J］.生态经济，2012，（6）：173-181.

［139］谭秀娟，郑钦玉.我国水资源生态足迹分析与预测［Z］.生态学报，2009，29（7）：3559-3568.

［140］汤以伦等.江苏统计年鉴［Z］.北京：中国统计出版社，2001.

［141］唐长春.生态足迹视角下的保护区生态 - 经济协调度评估——以甘肃祁连山国家级自然保护区为例［D］.兰州：兰州大学，2012.

［142］陶玲，李谷，李晓丽，等.复合池塘循环水养殖系统生态足迹分析［J］.渔业现代化，2010，4：10-15.

［143］陶谋立，朱新武，等．贵州统计年鉴［Z］．北京：中国统计出版社，2011.

［144］王洪波．基于改进型生态足迹模型的北京市生态足迹分析与评价［D］．北京：首都经济贸易大学，2013.

［145］王亮．基于生态足迹变化的盐城丹顶鹤自然保护区生态补偿定量研究［J］．水土保持研究，2011，18（3）：272-275.

［146］王书华，毛汉英，王忠静．生态足迹研究的国内外近期进展［J］．自然资源学报，2002，17（6）：776- 782.

［147］王书华，王忠静．基于生态足迹模型的山区生态经济协调发展定量评估——以贵州镇远县为例［J］．山地学报，2003，21（3）：324-330.

［148］王书玉，卞新民．生态足迹理论方法的改进及应用［J］．应用生态学报，2007，18（9）：1977-1981.

［149］王索，张可荣．基于生态足迹的白水江保护区生态安全分析［J］．人民长江，2008，39（11）：49-51.

［150］王天营．一元线性回归分析中三种检验的等价性研究［J］．统计与决策，2011，3：8-11.

［151］王文国，何明雄，潘摇科，等．四川省水资源生态足迹与生态承载力的时空分析［J］．自然资源学报，2011，26（9）：1555-1565.

［152］王亚娟．吐鲁番市旅游生态足迹分析与研究［D］．新疆师范大学，2013.

［153］王俭，张朝星，于英谭，等．城市水资源生态足迹核算模型及应用——以沈阳市为例［J］．应用生态学报，2012，23（8）：2257-2262.

［154］王宁，粟晓玲．陕西关中地区水资源生态足迹与生态赤字研究［J］．西北农林科技大学学报（自然科学版），2013，41（3）：221-227.

［155］王志雄，马俊贤，等．上海统计年鉴［Z］．北京：中国统计出版社，2011.

［156］王智，柏成寿，徐网谷，等．我国自然保护区建设管理现状及挑战［J］．环境保护，2011，4：18-20.

［157］文陇英，李仲芳．干扰对物种多样性维持机制的影响［J］．西北师范大学学报，2006，12（4）：87-91.

［158］吴开亚，郭旭，王文秀，等．上海市居民消费碳排放的实证分析［J］．长江流域资源与环境，2013，22（5）：4-12.

［159］吴隆杰．基于渔业生态足迹指数的渔业资源可持续利用测度研究［D］．青岛：中国海洋大学，2006.

［160］吴威先，等．湖北统计年鉴［Z］．北京：中国统计出版社，2001.

［161］吴文彬．生态足迹研究文献综述［J］．合作经济与科技，2014，1：11-15.

［162］吴永革，等．浙江统计年鉴［Z］．北京：中国统计出版社，2001.

［163］吴志峰，胡永红，李定强，等.城市水生态足迹变化分析与模拟［J］.资源科学，2006，28（5）：152-156.

［164］伍淑婕，梁士楚.人类活动对红树林生态系统服务功能的影响［J］.海洋环境科学，2008，27（5）：537-542.

［165］武红，谷树忠，关兴良.中国化石能源消费碳排放与经济增长关系研究［J］.自然资源学报，2013，28（3）：381-390.

［166］武建华，等.西藏统计年鉴［Z］.北京：中国统计出版社，2011.

［167］肖建红，王敏，于庆东，等.基于生态足迹的大型水电工程建设生态补偿标准评价模型研究——以三峡工程为例［J］.生态学报，2014，35（8）：1-21.

［168］谢高地，曹淑艳，鲁春霞，等.中国的生态服务消费与生态债务研究［J］.自然资源学报，2010，1：43-51.

［169］熊德国，鲜学福，姜永东.生态足迹理论在区域可持续发展评价中的应用及改进［J］.地理科学进展，2003，22（6）：618-626.

［170］徐珊，夏丽华，陈智斌，等.基于生态足迹法的广东省水资源可持续利用分析［J］.南水北调与水利科技，2013，11（5）：11-15.

［171］徐网谷，秦卫华，刘晓曼，等.中国国家级自然保护区人类活动分布现状［J］.生态与农村环境学报，2015，31（6）：802-807.

［172］徐中民，陈东景，陈志强，等.中国1999年的生态足迹分析［J］.土壤学报，2002，39（3）：441-445.

［173］徐中民，程国栋，张志强.生态足迹方法的理论解析［J］.中国人口·资源与环境，2006，16（6）：69-78.

［174］徐中民，张志强，程国栋，等.中国1999年生态足迹计算与发展能力分析［J］.应用生态学报，2003，14（2）：280-285.

［175］徐中民，张志强，程国栋.甘肃省1998年生态足迹［J］.地理学报，2000，55（5）：607-616.

［176］徐中民，程国栋，张志强.生态足迹方法：可持续性定量研究的新方法——以张掖地区1995年生态足迹计算为例［J］.生态学报，2001，21（9）：1484-1493.

［177］许月卿.基于生态足迹的北京市土地生态承载力评价［J］.资源科学，2007，29（5）：37-42.

［178］薛政，等.青海统计年鉴［Z］.北京：中国统计出版社，2001.

［179］杨洪春，等.福建统计年鉴［Z］.北京：中国统计出版社，2011.

［180］杨开忠，杨咏，陈洁.生态足迹分析理论与方法［J］.地球科学进展，2000，12（6）：631-636.

［181］杨永善，等.陕西统计年鉴［Z］.北京：中国统计出版社，2001.

［182］杨志平 . 基于生态足迹变化的盐城市麋鹿自然保护区生态补偿定量研究［J］. 水土保持研究，2011，18（2）：261-264.

［183］姚争，冯长春，阚俊杰 . 基于生态足迹理论的低碳校园研究——以北京大学生态足迹为例［J］. 资源科学，2011，6：1163-1170.

［184］叶林奇 . 干扰与生物多样性［J］. 贵州大学学报，2000，17（2）：129-134.

［185］殷培培，李晨玮 . 基于生态足迹模型的甘肃省生态适度人口规模测算［J］. 甘肃农业，2013，24：70-73.

［186］于宏民，王青，俞雪飞，等 . 中国钢铁行业的生态足迹［J］. 东北大学学报（自然科学版），2008，29（6）：897-900.

［187］于秀琴，等 . 北京统计年鉴［Z］. 北京：中国统计出版社，2011.

［188］袁玉岫，等 . 吉林统计年鉴［Z］. 北京：中国统计出版社，2001.

［189］岳东霞，李自珍，惠苍 . 甘肃省生态足迹和生态承载力发展趋势研究［J］. 西北植物学报，2004，24（3）：454-463.

［190］岳琴，于超 . 对我国家庭生态足迹的探析［J］. 学术交流，2010，1：77-80.

［191］张桂宾，王安周 . 中国中部六省生态足迹实证分析［J］. 生态环境，2007，16（2）：598-601.

［192］张恒义，刘卫东，林育欣，等 . 基于改进生态足迹模型的浙江省域生态足迹分析［J］. 生态学报，2009，29（5）：2738-2748.

［193］张晶，等 . 辽宁统计年鉴［Z］. 北京：中国统计出版社，2011.

［194］张美玲，蒋文兰，陈全功，等 . 基于 CSCS 改进 CASA 模型的中国草地净初级生产力模拟［J］. 中国沙漠，2014，34（4）：1150-1160.

［195］张婷，蔡海生，张学玲 . 基于碳足迹的江西省农田生态系统碳源 / 汇时空差异［J］. 长江流域资源与环境，2014，23（6）：767-773.

［196］张晓光，等 . 陕西统计年鉴［Z］. 北京：中国统计出版社，2011.

［197］张学勤，陈成忠，等 . 中国生态足迹的多尺度变化及驱动因素分析［J］. 资源科学，2010，32（10）：2005-2011.

［198］张彦宇，韩晓卓，李自珍，等 . 生态承载力模型的改进及其应用［J］. 兰州大学学报（自然科学版），2007，43（1）：75-79.

［199］张义 . 基于生态足迹模型的河池市水资源可持续利用评价［J］. 南水北调与水利科技，2013，11（4）：26-30.

［200］张义国，等 . 山东统计年鉴［Z］. 北京：中国统计出版社，2001.

［201］张颖 . 湖南省本地生态足迹时间序列计算与分析［J］. 求索，2010（7）：47-49.

［202］张宇鹏 . 我国生态足迹区域差异比较研究［D］. 吉林：吉林大学，2010.

［203］张占平 . 基于生态足迹法的河北省生态承载力动态研究［J］. 经济论坛，2014，2：

4-7, 18.

［204］张志斌，唐素然，赵拥华.基于生态足迹分析的资源型城市可持续发展研究——以甘肃省白银市为例［J］.干旱区地理，2008，31（3）：464-469.

［205］张志强，徐中民，程国栋，等.1999年中国西部12省（区、市）的生态足迹［J］.地理学报，2001，56（5）：599-610.

［206］张志强，徐中民，程国栋.生态足迹的概念及计算模型［J］.生态经济，2000，10：8-10.

［207］章锦河，张捷.旅游生态足迹模型及黄山市实证分析［J］.地理学报，2004，59（5）：763-771.

［208］赵慧霞，姜鲁光.济南市城市居民生活消费的生态足迹［J］.生态学杂志，2004，23（6）：178-181.

［209］赵荣钦，黄贤金，钟太洋.中国不同产业空间的碳排放强度与碳足迹分析［J］.地理学报，2010，65（9）：1048-1057.

［210］浙江省统计局，国家统计局浙江调查总队.浙江统计年鉴［Z］.北京：中国统计出版社，2011.

［211］甄翌，康文星.旅游生态足迹改进模型及张家界实证研究［J］.林业经济问题，2008，28（4）：306-309.

［212］郑华，欧阳志云，赵同谦，等.人类活动对生态系统服务功能的影响［J］.自然资源学报，2003，18（1）：118-126.

［213］郑艳茹，郑艳东，葛京凤，等.基于生态足迹模型的河北省土地利用总体规划实施评价［J］.水土保持研究，2014，21（5）：230-235.

［214］郑子彬，李涛明，等.重庆统计年鉴［Z］.北京：中国统计出版社，2011.

［215］中华人民共和国国家统计局.中国统计年鉴［Z］.北京：中国统计出版社，2001.

［216］中华人民共和国国家统计局.中国统计年鉴［Z］.北京：中国统计出版社，2001.

［217］中华人民国和国国务院.中华人民共和国自然保护区条例.1994

［218］周国富，宫丽丽.京津冀能源消耗的碳足迹及其影响因素分析［J］.经济问题，2014，8：27-31.

［219］周华，钱谊，徐惠，等.鹞落坪自然保护区不同背景下生态足迹分析［J］.河南科学，2006，24（1）：138-142.

［220］周悦，谢屹.基于生态足迹模型的辽宁省水资源可持续利用分析［J］.生态学杂志，2014，33（11）：3157-3163.

［221］祝萍，黄麟，肖桐，等.中国典型自然保护区生境状况时空变化特征［J］.地理学报，2018，73（1）：778-790.

［222］朱文兴，等.甘肃年鉴［Z］.北京：中国统计出版社，2001.

［223］朱晓明，樊燕超，等．江苏统计年鉴［Z］.北京：中国统计出版社，2011.

［224］宗刚，李易峰．北京市公共交通生态足迹考察［J］.城市问题，2013，4：54-60.

［225］邹艳芬．中国能源生态足迹效率的技术进步影响实证分析［J］.科学学与科学技术管理，2010，5：53-59.

［226］左朋莱，夏立江．基于净初级生产力的生态足迹计算方法探讨［C］.中国环境科学学会．中国环境科学学会2009年学术年会论文集（第三卷）.中国环境科学学会，2009：5.

［227］Araujo M B.The coincidence of people and biodiversity in Europe［J］.Global Ecology and Biogeography，2003，12（1）：5-12.

［228］Barrett J，Simmon C.An Ecological Footprint of the UK：Providing a Tool to Measure the Sustainability of Local Authorities［M］.Stockholm Environment Institute，York，2003.

［229］Berg.Managing aquaculture for sustainability in tropical Lake Kariba, Zimbabwe［J］.Ecologcial Economics，1996.

［230］Bicknell K B，Ball R J，Cullen R，et al.New methodology for the ecological footprint with an application to the New Zealand economy［J］.Ecological Economics，1998，27（2）：149-160.

［231］De Alvareng R A F，Da Silva Júnior V P，Soares S R.Comparison of the ecological footprint and a life cycle impact assessment method for a case study on Brazilian broiler feed production［J］.Journal of Cleaner Production，2012，28：25-32.

［232］Defra.Biodiversity Indicators in Your Pocket 2007：Measuring our progress towards halting biodiversity loss［M］.London：Department for Environment, Food and Rural Affairs，2010.

［233］Defries R，Hansen A，Newton A C，et al.Increasing isolation of protected areas in tropical forest over the past twenty years［J］.Ecological Applications，2005，15（1）：19-26.

［234］Dobson A P，Rodriguez J P，Roberts W M.Synoptic tinkering：integrating strategies for large-scale conservation［J］.Ecology Application，2001，11（4）：1019-1026.

［235］Evans K L，Greenwood J J D，Gaston K J.The positive correlation between avian species richness and human population density in Britain is not attributable to sampling bias［J］.Global Ecology & Biogeography，2007，16（3）：300-304.

［236］Ewing B，Reed A，Galli A，et al. Calculation Methodology for the National Footprint Accounts，2010 Edition.USA Oakland：Global Footprint Network，2010.

［237］Ferng J J.Toward A Scenario Analysis Framework For Energy Footprints［J］.Ecological

Economics, 2002, 40: 53-69.

［238］Fiala N. Measuring sustainability: Why the ecological footprint is bad economics and bad environmental science［J］.Ecological Economics, 2008, 67（4）: 519-525.

［239］Field C B, Randerson J T, Malmstrm C M.Global net primary production: combining ecology and remote sensing［J］.Remote Sensing of Environment, 1995, 51（1）: 74-88.

［240］Fricker A.The ecological footprint of New Zealand as a step towards sustainability［J］. Futures, 1998, 30（6）: 559-5671.

［241］Gyllen H. Environmental consequence analyses of fish farm emissions related to different scales and exemplified by data from the Baltic a review［J］.Marine Environmental Research, 2005, 2.

［242］Haberl H, Erb K H, Krausmann F.How to calculate and interpret ecological footprint for long period of time: The case of Austria 1926-1995［J］.Ecological Economics, 2001, 38: 25- 45.

［243］Hardi P, Barg S, Hodge T et al.Measuring sustainable development: Review of current practice［R］. Occasional paper number 17, 1997（IISD）.1-2, 49-51.

［244］Hoekstra, R, van den Bergh, J C J M.Constructing Physical Input-Output Tables for Environmental Modeling and Accounting: Framework and Illustrations［J］. Ecological Economics, 2006, 59: 375-393.

［245］Hubacek K, Giljum S.Applying Physical Input-Output Analysis to Estimate Land Appropriation（Ecological Footprints）of International Trade Activities［J］. Ecological Economics, 2003, 44: 137-151.

［246］Kissinger M.Approaches for calculating a nation's food ecological footprint-the case of Canada［J］. Ecological Indicators, 2013, 24: 366-374.

［247］Kratena K. From ecological footprint to ecological rent: an economic indicator for resource constraints［J］. Ecological Economics, 2008, 64（3）: 507-516.

［248］Lenzen M, Hansson C B, Bond S.On the bioproductivity and land-disturbance metrics of the Ecological Footprint［J］. Ecological Economics, 2007, 61（1）: 6-10.

［249］Lenzen M, Murray S A. A modified ecological footprint method and its application to Australia［J］. Ecological Economics, 2001, 37（2）: 229-255.

［250］Malthus T R, 人口原理［M］.北京: 华夏出版社, 2012.

［251］McDonald G W and Murray G P. Ecological Footprints and interdependencias of New Zealand regions［J］.Ecological Economics, 2004, 50（12）: 49-67.

［252］Moore J, Kissinger M, Rees W E.An urban metabolism and ecological footprint assessment of Metro Vancouver［J］.Journal of Environmental Management，2013，124（6）：51-61.

［253］Mozner Z，Tabi A，Csutora M.Modifying the yield factor based on more efficient use of fertilizer-the environmental impacts of intensive and extensive agricultural practices［J］. Ecological Indicators，2012，16：58-66.

［254］Potter C S，Randerson J T，Field C B，Matson P A，Vitousek P M，Mooney H A，Klooster S A.Terrestrial ecosystemproduction：a process model based on global satellite and surface data［J］.Global Biogeochemical Cycles，1993，7（4）：811-841.

［255］Ree W E.Ecological footprint and appropriated carrying capacity：what urban economics leaves out［J］.Environment and Urbanization，1992，4（2）：120-130.

［256］Rojstaczer S，Sterling S，Moore N.Human appropriation of photosynthesis products ［J］.Science，2001，294（5551）：2549-2552.

［257］Roth.A discussion of the use of the sustainability index："ecological footprint" for aquaculture production［J］.Aquatic Living Resources，2001，6.

［258］Senbel M，McDaniels T，Dowlatabadi H.The ecological footprint：a non-monetary metric of human consumption applied to North America［J］.Global Environmental Change，2003，13（2）：83-100.

［259］Simmons C，Lewis K，Barrett J.Two Feet2two App Roaches：A Component Based Model of Ecological Footprinting［J］.Ecological Economics，2000，32：375-380.

［260］Simpson R W，Petroeschevsky A，Lowe I.An ecological footprint analysis for Australia ［J］.Australian Journal of Environmental Management，2000，7（1）：11-18.

［261］Scott J M，Davis F W，McGhie R G，et al.Nature reserves：do they capture the full range of America's biological diversity?［J］.Ecology Application，2001，11（4）：999-1007.

［262］Venetoulis J，Talberth J.Refining the ecological footprint［J］.Environment，Development and Sustainability，2008，10（4）：441-469.

［263］Vuuren D P V，Smeets E M W.Ecological footprints of Benin，Bhutan，Costa Rica and the Netherlands［J］.Ecological Economics，2000，34：115- 130.

［264］Wachernagel M，Chadm，Erb KH.Ecological footprint time series of Austria，the Philippines，and South Korea for 1961-1999：comparing the conventional approach to an "actual land area" approach［J］.Land Use Policy，2004，21（3）：231-269.

［265］Wackernagel M，Lewan L，Hansson C B.Evaluating the use of natural capital with the ecological footprint：Applications in Sweden and Sub regions［J］.Ambio，1999，280：604-612.

［266］Wackernagel M，Monfreda C，Deumling D.Ecolog「cal Footprint Of Nations［M］. Redefining Progress，2002.

［267］Wackernagel M，Onisto L，Bello P，et al.Ecological Footprints of Nations［R］. Commissioned by the Earth Council for the Rio+5 Forum.International council for local Environmental Initiatives，Toronto，1997，4-21.

［268］Wackernagel M，Onisto L，Bello P，et al.National natural capital accounting with the ecological footprint concept［J］.Ecological Economics，1999，29（3）：375-390.

［269］Wackernagel M，Rees W.Our ecological footprint-reducing Human impact on the earth ［J］.New Society Publishers，1996，61-83.

［270］Wackernagel M，William E Rees.Our Ecological Footprint，Reducing Human Impact on the Earth［M］.Gabriela Island：New society Publishers，1996.

［271］Wackernagel M.National Natural Capital Accounting with the Ecological Footprint Concept［J］.Ecological Economics，1999.

［272］Warren Rhodes K and Albert Koenig.Ecological systerm appropriagon by Hong Kong and its implications for sustainable developmeot［J］.Ecological Economics，2001，39 （3）：347-359.

［273］Wiedmann T，Minx J，Barrett J，Wackernagel M.Allocating ecological footprints to final consumption categories with input–output analysis［J］.Ecological Economics， 2006，56（1）：28-48.

［274］William E R.Ecological footprints and appropriated carrying capacity：what urban economics leaves out［J］.Environ.Urban，1992，（4）：121-1301.

［275］World Wide Fund for Nature International，Living Planet Report 2004［M］.Gland， Switzerland：WWF，2004，25-58.

［276］WorldWild life Fund.Living planet report，2000［EB /OL］.http://www.panda.org/down loads/general/lpr_2000.pfd，2000-10-10.

［277］WWF，中国科学院地理科学与资源研究所，GFN，中国科学院动物研究所、伦 敦动物学会.中国生态足迹报告2012：消费、生产与可持续发展［EB/OL］.http:// wenku.baidu.com/link?url=hikkbQSJdbemyONFHjuEYiCM19AmMXaz5Efn3PR6xsZzGq BPna8eR1b57vlPihRBcu-gaKzheXQYENGp2lGOz7GhKwg-vD_0HEha8Bnp-qC.